DK世界园林

英国DK出版社 著

韩雪婷 译

科学普及出版社
·北京·

DK世界园林

令人赞叹的世界园林合集

目录 | CONTENTS

上页图片　法国羽毛花园 ①（Le Jardin Plume's Orchard Garden）中心的一大片苹果树

① 印象派花园杰作，位于法国格里涅乌斯维尔的迪佩和鲁昂之间，有果园、羽毛花园（观赏草花园）、夏天花园、秋天花园等。——译者注，下同

1.吉维尼（Giverny）小镇①上莫奈②（Monet）的宁静水上花园

2.英国伊甸园工程③（Eden Project）中设计新颖的雨林生物群落

3.羽毛花园中的野生植被

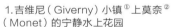

4.马克依萨克空中花园精雕细琢的黄杨④（*Buxus*）

5.在新加坡星耀樟宜机场（Jewel Changi Airport）邂逅意想不到的景观天堂

---

① 吉维尼小镇坐落于上诺曼底大区的厄尔省，因法国画家克劳德·莫奈的花园而知名，是法国较受喜爱的小镇之一。位于距维农 5 千米处的塞纳河与艾普特河的交汇口。
② 克劳德·莫奈（1840—1926），法国画家，是印象派代表人物和创始人之一。
③ 伊甸园工程是 21 世纪以植物和人类为本的浩大工程，收集了地球上所有植物品种，存放在巨型空间网架结构的温室万博馆里，形成大自然的生物群落。
④ 灌木或小乔木，高 1~6 米。

简 介

丛林旷野、皇宫阔地，还有机场中心的梯田花园，帮我们再现了一幅超现实主义①景观：令人心旷神怡的绿色空间无处不在。在旅途中，人们也更加青睐于寻访各类园林，比如在游玩时欣赏英格兰南部的田园风光，或是将美国的宏大庭院添加到行程当中，又或是在马拉喀什②（Marrakesh）的闹市中心寻觅片刻宁静。这也是我们创作本书的原因：带领读者去探访那些震撼心灵、拥抱自然的地方。

世界上到处都有无可挑剔的园林，有的在丛林深处摇曳生姿，有的在废墟古迹中遗世独立。在编写本书的时候，我们考虑过许多选项，最终我们选择了那些拥有独特典故、在园林设计史上有价值，或者正在重塑园林定义的案例。当然，在本书中，你会找到那些地标性园林——雄伟的凡尔赛宫、精致的阿尔罕布拉宫和未来主义的滨海湾花园。同时你也会发现那些令人惊叹的作品，不管是出于无尽哀思而建造的园林，还是旨在促进世界和平的园林，

我们都将其收入书中。充满新意的园林作品也在书中熠熠生辉，让我们重新思考园林还可以是什么样子。比如，设计一个水下农场现实吗？完全有可能，而且这个设想就在书中得到展现；又或是能否创造一个探索宇宙奥秘的景观？虽然听起来不可思议，但在现实中它令人叹为观止。

我们按照不同主题将书中的内容整理归类。无论你是重视传统、喜爱修剪整齐的树篱，还是痴迷于看似杂乱的原生态风景，这本书都适合你。这并不是说一个园林必须以井然有序、野性原始或精心布局为唯一标签——事实上，每个园林都是各种元素混合的产物，这也正是它的魅力所在。

本书中的一些园林对你来说或许有些陌生，也很少出现在传统的旅游线路上。翻开这本《DK世界园林》，你很快就会发现，在我们熟悉的环境之外，还有许多造型迥异、规模不一、设计理念千差万别的奇妙园林。相信本书会带给你新的启迪。

① 超现实主义是一种现代西方文艺流派。两次世界大战之间盛行于欧洲，致力于探索人类的潜意识心理，主张突破合乎逻辑与实际的现实观念，彻底放弃以逻辑和有序经验记忆为基础的现实形象，将现实观念与本能、潜意识及梦的经验相融合，展现人类深层心理中的形象世界。
② 位于摩洛哥西南部，坐落在贯穿摩洛哥的阿特拉斯山脚下，有"南方的珍珠"之称。马拉喀什是柏柏尔语，意思是"神域"。

匠心独运

当被问及世界上最伟大的园林时，大多数人首先想到的是巴洛克式宫殿、古典寺庙或古老别墅周围精心布置的景观。这里有精致的花圃、华丽的喷泉和曲径通幽的林荫步道。这些园林通常需要几十年的规划，是一种面对自然匠心独运、打造瑰丽景致的成功尝试。

时尚之选

园林曾经具有高度的实用性（如中世纪的家庭花园就具备许多实际用途），到了 13 世纪，园林设计的重点转向了美学标准。在欧洲，园林成了权力、财富和社会地位的象征，其设计受到 13 世纪时尚元素的深刻影响。凡尔赛宫推进了法国规则式庭院风格的流行，吸引了来自世界各地的仰慕者，他们回国后都希望在自己的庄园里复制这种华丽庄重的风格。伊斯兰园林[①]（Islamic gardens）是典型的私人场所，而不是为了向外人炫耀而建造的，但它们的丰富性也毫不逊色：拥有数百年历史的园林，在设计时将植物精心种植在水域周围，象征着大自然对精神和感官的滋养。

大多数规则式园林的建造是为了给人留下深刻印象。宏伟步道通向皇家宅邸，唤起人们的敬畏之情；植物整齐排列，彰显出庄严的秩序之感。著名的园林设计师都以独特的风格而闻名，比如安德烈·勒诺特尔[②]（André Le Nôtre）的法国规则式园林风格就受到了广泛的青睐。

然而，仅追逐潮流是远远不够的。在世界各地，那些卓越之人不仅致力于超越同行，也试图超越之前几个世纪的设计师所取得的成就。园林变得更加精致：树木更加高大，修剪得更加考究，雕像也更为珍奇。富丽堂皇的园林是爱意、权力和地位的有力彰显。

重构形式

冲破规则式风格并不意味着增加奢侈装饰。总有一些设计师在融汇变通中重构规则，比如，"万能"布朗[③]（"Capability" Brown）就摒弃了古典形式，转而采用自然主义的方法；而薇塔·萨克维尔 – 韦斯特[④]（Vita Sackville-West）则在她的英式景观的每一寸空地上都种满了朴实无华的植物。

匠心独运到底意味着什么？这可能与对称性无关，而是把设计重心更多地放在用几十年时间来摆布长椅的位置，又或是投入一年的运营成本来确保郁金香在短短几周的花期内纵情绽放。当然，几乎每个园林都有精确的规划方案，但要谈到最富灵感的策展案例，接下来介绍的园林均属上乘之作。

---

① 伊斯兰园林是世界三大园林体系之一，是古代阿拉伯人在吸收两河流域和波斯园林艺术基础上创造的，以幼发拉底、底格里斯两河流域及美索不达米亚平原为中心，以阿拉伯世界为范围，以叙利亚、波斯、伊拉克为主要代表，影响欧洲的西班牙和南亚次大陆的印度，是一种模拟伊斯兰教天国的高度人工化、几何化的园林艺术形式。
② 安德烈·勒诺特尔（1613—1700），法国造园家和路易十四的首席园林师。令其名垂青史的是路易十四的凡尔赛宫苑，此园代表了法国古典园林的最高水平。
③ 兰斯洛特·布朗（Lancelot Brown，1716—1783），一位英国景观设计师，被称为"万能"布朗。他之所以获得这个称号，是因为他经常说，任何条件下的场地在景观美化方面都会"大有可为"。
④ 薇塔·萨克维尔 – 韦斯特（1892—1962），英国作家、诗人、园艺家，于 1927 年和 1933 年连续获得两届霍桑登文学奖。

凡尔赛花园

法国

拙政园

中国

长木花园

美国

夏利玛花园

印度

布伦海姆宫花园

英国

波特兰日本花园

美国

宝尔势格庄园

爱尔兰

颐和园

中国

库肯霍夫公园

荷兰

海恩豪森王家花园

德国

埃斯特庄园

意大利

西辛赫斯特城堡花园

英国

马克依萨克空中花园

法国

阿尔罕布拉宫

西班牙

波波里花园

意大利

敦巴顿橡树园

美国

符合几何美学的步道、整齐的灌木丛和波光闪闪的水池，在古典园林中呈现出精确的对称性

欧洲，法国

凡尔赛花园①
(The Gardens of Versailles)

地点：凡尔赛，军械广场
最佳观赏时间：5月下旬—10月下旬，特定日期可欣赏到喷泉秀
规模：800公顷

　　凡尔赛宫是帝王权力的象征，也是人类主宰自然的终极表现。广阔的露台和锦绣的花圃，巨大的水池和宏伟的喷泉，以及锋芒毕露的造型林木，每一处壮观之景都散发着高雅和气派。

放眼望去，凡尔赛宫就是一座宏伟的宫殿。然而，在它金色的大门和宽广的建筑之外，还有另一重惊人之处，那就是铺展开来的法式园林，令人目不暇接，似乎没有尽头。凡尔赛花园最重要的特点就是宏大，景观精美，雕像矗立，步道宽敞通达，视野绵延无尽。凡尔赛花园设计精妙，但要达到这种震撼效果也不仅是因为它的壮丽规模。

　　凡尔赛花园的布局在几何方面堪称完美，甚至有人怀疑它到底是不是人类的杰作——这是一座为神明一样的伟大人物而修建的花园，其宏伟恰当地贴合了这一主题。自称"太阳王"（Sun King）的路易十四②（Louis XIV）是当时欧洲最强大的君主，他以太阳神阿波罗③（Apollo）作为自己的代称和标志。依据阿波罗和路易十四的传说典故，花园中设计了多处喷泉、瓮塔和阳光大道，从视觉上展现出路易十四无所不能的力量。这些景观既是他最为得意的作品，也是法国园林艺术的杰出瑰宝。

铺平道路

　　路易十四非常喜欢凡尔赛宫，决定把父亲在这里的皇家狩猎场改造成皇家宫殿。皇家园艺师安德烈·勒诺特尔受命对这座宫殿进行改造。这是一项庞大的工程，皇室雇用了大批劳工搬运数吨土壤，打造出合适的地形来种植草坪、花卉和树木，再把成千上万棵景观树木从附近的森林中移

---

① 法国凡尔赛花园位于凡尔赛宫殿西边，现存面积为100公顷，始建于17世纪初，由安德烈·勒诺特尔设计，是法式经典园林，也是世界园林艺术的圣殿。
② 路易十四（1638—1715），全名路易·迪厄多内·波旁，自称"太阳王"，是波旁王朝的法国国王和纳瓦拉国王。在位长达72年110天，是在位时间最长的君主，也是有确切记录在世界历史中在位最长的主权国家君主。
③ 古希腊神话中的光明、预言、音乐和医药之神，消灾解难之神，也是人类文明、迁徙和航海者的保护神。

---

① 为了取悦情人露易丝，路易十四特意为她举办了凡尔赛宫首场大型宴会"魔法岛的乐趣"，借此盛会，国王宣布露易丝的身份。"魔法岛的乐趣"是让·巴普蒂斯特·吕利（法语，Jean-Baptiste Lully，1632—1687）的作品。吕利是在意大利出生的法国巴洛克作曲家，他一生的大部分时间都在法国国王路易十四的宫廷里作曲，是路易十四的宫廷乐正。他控制了当时法国的音乐生活，开创了法国歌剧，发展了大经文歌和法国序曲，对当时的欧洲音乐产生了巨大影响。

② 路易十六，法兰西波旁王朝第五位国王，法兰西波旁王朝复辟前最后一任国王，他是法国历史上唯一被执行死刑的国王，也是欧洲历史中第二位被执行死刑的国王。

1. 奢华的拉托娜①喷泉（Latona Fountain），18只金蛙向阿波罗母亲的雕塑喷射水柱

2. 勒诺特尔的作品，法国规则式园林风格的最高典范

———

① 拉托娜是宙斯的情人，是阿耳忒弥斯（Artemis）和阿波罗的母亲。拉托娜为躲避嫉妒的赫拉的追捕而出逃，四处流浪，直到最后躲到了德罗斯岛上。又累又渴、筋疲力尽的女神向岛上干活的人求水，却遭到拒绝。于是，她勃然大怒，把他们变成了青蛙。

栽过来。为了扩大土地面积，当地村民都遭受驱逐，被迫离开故土。工程师将河水分流，引入园中，形成奢华的水景。在他们的指挥下，一切美妙的想法都成为现实。

事实证明，勒诺特尔是一个无可挑剔的设计师。他把园林沿着一条中轴线修建，正对着路易十四朝西的卧室，景色十分壮观。在距离宫殿最近的地方，还建有一个露台，上面有两个水池、喷泉、倒影池和花坛，这些景致最终都融入雄健的大运河，消失在落日深处。

对家庭园艺的启发

花架

凡尔赛花架非常适合种植常青树、矮树或灌木，这也是个为你的花园增添法式优雅的好方法。这些木质容器原本是为了方便运输凡尔赛柑橘树而设计的。

凡尔赛宫雍容奢华，路易十四和大臣们可以在这里举行活动。这里的每一处都被精心设计以传达一种有序与和谐之感。这种和谐统一正是时髦的法国园林的典型特征，也反映出法国王公贵族所遵循的正统宫廷礼仪。雕像精确地呈等距放置，所有花坛都成对摆放，步道或是平行铺展，或是对角延伸，抑或是像光束一样从一个中心点向四周辐射开去。要感谢专业的工作人员，是他们让凡尔赛花园一直保持完美的状态，甚至还有专职的运土工给小路铺沙子。

技巧和惊喜

勒诺特尔在塑造地形时也加入了戏剧性的惊喜。在某一时刻，依托"歪像"[①]

（anamorphosis）技术，使人们从某一角度看到的事物和真实情况有所不同，比如大运河看起来就比实际上宏伟许多。走过园林步道，站在拉托娜喷泉台阶（Latona Staircase）脚下时，宫殿会从视野中消失，往前再走几步，宫殿才再次奇迹般地出现。勒诺特尔对透视理论和光学成像的精通掌握，才使这种奇特的效果成为现实。

从主干道延伸出来的小径通向隐秘的小树林或灌木丛，这是专为小型宫廷娱乐而设计的私密"房间"。其中有设计比较简单的场地，比如"枝形烛台树林"（Girandole Grove），感觉像是巴黎的广场，还有其他的，比如"柱廊树林"（Colonnade Grove），大多造型浮夸。

玩转水景

喷泉曾经是凡尔赛宫最引以为傲的荣耀，现在依然如此。壮观的水景同样以太阳神阿波罗为主题。宏伟的阿波罗喷泉在宫廷小径的尽头，正好与国王的视野平齐。喷泉的造型是通身镀金的阿波罗驾着战车从海洋中浮出水面，既象征着新一天的开始，又代表着路易十四著名的起床仪式，称为太阳升起（levée）。为了体验最佳效果，最好在夏季到凡尔赛宫观赏喷泉。每当泉水喷涌，水花溅起飞沫，阿波罗和他的战马就像活起来了一样。另两处不可错过的水景是尼普顿[②]池（Neptune Basin）和盘龙水池（Dragon Basin），这两个水池里都装饰着奇幻的海洋生物。

1.7

这是大运河的长度，约为1.7千米。大运河覆盖了23公顷的土地，面积几乎是巴黎协和广场[③]（Place de la Concorde in Paris）的3倍。

---

① 一种变形光学错觉。
② 海神。
③ 协和广场位于巴黎市中心，塞纳河北岸，是法国著名的广场之一，18世纪由国王路易十五下令营建。建造之初是为了向世人展示他至高无上的皇权，取名"路易十五广场"。大革命时期，它被称为"革命广场"，被法国人民当作展示王权毁灭的舞台。1795年改称"协和广场"。

在路易十四时代，尽管已经有先进的工程技术，但给 1400 个喷泉供水仍然是个问题。每逢盛大场合，园丁们会用口哨互相交流，掌握好打开或关闭水龙头的时间，以确保国王和朝臣走过时正好能看到喷泉迸射开来。

匠心之作

水上娱乐

王室的娱乐活动不仅限于欣赏水景，也能享受水上活动乐趣。威尼斯的贡多拉①（gondola）和其他观光船停泊在大运河的源头处，那里有一个造船厂，旁边是船夫和木匠的住所。1671 年，船队甚至任命了一位船长。

尽管凡尔赛花园拥有巧夺天工的喷泉水景，但许多较大的水体都只设计成了静止不动的倒影池。它们就像巨大的镜子，反射出天空和太阳，起到扩展视觉空间的作用。对于"太阳王"路易十四来说，统治世界远远不够，他要把自己的权力延伸到天空之外。只是一座宫殿或一个喷泉倒映在水中也会变成两个，这样的设计岂不是堪称绝妙？

紧密合作

当然，建成凡尔赛花园并非一夜之功。这几乎是路易十四一生的事业，直到 1715 年去世之前，他一直忙于修整和扩建花园。

勒诺特尔亲切又耿直，路易十四对他十分欣赏。他们的合作紧密顺畅，同时建立了深厚的友谊。不过，尽管如此，这种情谊并没有抹杀他们在设计过程中出现的分歧。路易十四酷爱花朵，勒诺特尔却十分讨厌。可以想到，最终还是"太阳王"如愿以偿。透过宫殿的窗户，他可以欣赏到五颜六色的花圃，里面种满了数以千计的郁金香（这是他最喜欢的花）、黄水仙和许多其他花草。即使在隆冬时节，路易十四也坚持要种植花卉和水果，还命人把水果种植在宫殿大道尽头的"皇家菜园"②（Potager du Roi）里。

传世杰作

路易十四经常在他心爱的花园里散步。为了确保游人不会错过任何风景，他还专门写了一本旅游指南，即《展示凡尔赛花园的方式》③（Manière de montrer les jardins de Versailles）。这本书简洁扼要，最大的特点是以编号注释的方式来告诉游人探索花园的"适当"方式。

路易十四常挂在嘴边的座右铭是"L'état c'est moi"④（朕即国家）。作为他的自我象征，凡尔赛花园的气魄表明，他的野心远不止于此。他的确把自己视为太阳，是万物环绕的天空下一切美好与和谐的缔造者。有一段时间，凡尔赛宫这座带有政治舞台性质的建筑仿佛成了世界的中心。今天，凡尔赛花园不再肩负皇家使命，却仍是一件旷世杰作，它是如此美轮美奂，也应了人们所说：凡尔赛花园的美丽会让人忘记呼吸。

1. 点缀着植物的花架

2. 橘园⑤（Orangery parterre）中点缀着橘树、柠檬树和棕榈树

3. 笔直步道两旁按照精确几何美学修剪过的树木

4. 装饰有雕像的华丽喷泉

① 意大利威尼斯的一种特殊的水上交通工具，是一种小船，造型独特，装饰华美，两头翘，底部平，狭长，专供游客抒情游玩。
② 法国国家园艺学院和法国国立风景园艺学院位于皇家园林凡尔赛宫的一角。由于位置特殊，这里种植的园林又被人称为"皇家菜园"。
③ 路易十四不仅下令将凡尔赛宫向公众开放，有时候还会亲自带领客人四处参观。不过作为国王，显然他没有那么多时间带大家一一参观，于是他撰写了一部凡尔赛花园指南手册——《展示凡尔赛花园的方式》。这部手册共有 7 个版本，其中一部分由路易十四亲笔撰写，余下则由国王秘书代笔，路易十四再进行修正审核，现在分别收藏于法国国家图书馆和凡尔赛宫内。
④ 路易十四执政时把国王的权力发展到了顶峰。在政治上他崇尚王权至上，"朕即国家"，并且用"君权神授"来为王权至上制造理论依据。

⑤ 16—17 世纪的法国贵族喜欢橘树，"橘园"就变成了财富和地位的象征，"橘园"就此流行起来。

亚洲，中国

拙政园
（Humble Administrator's Garden）

地点：江苏省苏州市姑苏区东北街 178 号

最佳观赏时间：尽管观赏苏州园林四季皆宜，但最好还是避开盛暑之时，5 月或 9 月为最佳游玩期

规模：5.2 公顷

拙政园是高雅文化和抒情美学的典范之作，是明朝精致建筑风格的珍贵遗迹。穿行于这片开阔的景观，就像踏上了一段中国园林设计的终极之旅。

中国有句古话，"上有天堂，下有苏杭"（Above is heaven, below is Suzhou），指的就是这一地区的动人美景。苏州地处长江三角洲（The Yangtze delta）纵横交错的水道当中，明朝（1368—1644）时，其城市发展状态达到了辉煌和繁荣的顶峰。城中的富贵学士兴建私家花园，以彰显自身的修养和品位，同时将园林艺术提升到精美绝伦的美学新高度。

在 60 多个现存的苏州园林中，有一座堪称江南园林之翘楚。它始建于 1509 年，由自诩为"拙政官"的退休御史王献臣①出资修建。拙政园很快声名远播，当时的文人墨客都是这里的常客，其中就包括著名书画诗人文徵明②。文徵明曾专门为拙政园绘制过两本山水画集，并作了咏园诗③，以记录这座园林的绝妙风骨。尽管几个世纪以来，拙政园的部分园区几经变卖易主，但后来又都重新整合起来。

园林设计艺术

漫步在园林中，穿过旖旎水道和假山怪石，在蜿蜒回廊和亭台楼阁的掩映下，游人可以体会"一步一景"之感，品味中国山水画般精心安排的设计理念。这些匠心独运的艺术精品，在几米长的场景中缓慢铺展开，带着游人在精致的片段中开始一场旅程，曲径通幽，将游人的脚步引向园林深处。拙政园亦是如此，小路蜿蜒曲折，令人心旷神怡，人们可以从不同角度欣赏各种空间的错落和布景的巧妙。

园中依傍地势修建了开放式的亭阁，

---

① 明正德四年（1509 年），因官场失意而还乡的御史王献臣，以大宏寺址拓建为园，取晋代潘岳《闲居赋》中"灌园鬻蔬，供朝夕之膳；牧羊酤酪，俟伏腊之费。孝乎惟孝，友于兄弟，是亦拙者之为政也"意，取名为"拙政园"。

② 文徵明（1470—1559），明代画家、书法家、文学家、鉴藏家。文徵明诗、文、书、画无一不精，人称"四绝"，其与沈周共创"吴派"。在画史上与沈周、唐寅、仇英合称"明四家"。在文学上，与祝允明、唐寅、徐祯卿并称"吴中四才子"。

③ 明嘉靖十二年（1533 年），文徵明依园中景物绘图 31 幅，各系以诗，并作《王氏拙政园记》。

还取了十分贴切的名字，如塔影亭（The Pagoda Reflection Pavilion）、留听阁（The Stay and Listen Pavilion）和放眼亭（The Far-Away-Looking Pavilion）等。圆形的门洞被形象地称为"月洞门"，格子窗上雕镂着花朵图案，这些精工细刻都是为了勾勒和剪裁出风景的精致之感，光影交错，虚实掩映，伴随特定的季节唤起各种特殊的情绪或意韵。

四季和感官

与建筑、山石和水景一样，绿植也是中国古典园林的关键元素之一。在不同季节，拙政园种植的植物也不尽相同。春天，粉红色的杜鹃花和牡丹竞相盛放；夏日，池塘里满是绽放的荷花和睡莲；而到了秋冬季节，菊桂飘香时，还有娇嫩的山茶花曼妙多姿。

拙政园一年四季都适合观赏，它能提供的享受也不仅仅是目之所及的美景。秋天，在听雨轩（The Listening to the Sound of Rain Pavilion），游人可以听到雨点打在竹子上的噼啪声响；还能在荷风四面亭（The Lotus Breeze Pavilion）捕捉到盛夏时荷花弥漫的香气。据说，越到远处，风送来的荷花香气就越显清幽。荷花象征着高尚和纯洁，是拙政园中种植最多的植物。这并不为奇，因为光是水景就占据了园林总面积的五分之一。

微观世界

对尺度的巧妙运用是中国古典园林设计的另一个显著特征，反映出设计师想要在相对小的园林内再现中国广袤自然和神秘景观的愿望。在拙政园，自然风霜侵蚀而成的岩石被精心摆放，这些石头被称为"供石"[1]或"文人石"（scholar's rocks）。石面上有复杂的风化纹理，用来代表悠远之处若隐若现的山脉。同样，一些观赏树木，如盆栽植物，因其能让人联想到连绵的森林而被种入园中。

当然，在比例运用中，设计师最娴熟的技巧就是"借景"[2]。苏州北寺塔（Suzhou's Beisi Pagoda）位于拙政园的西边，就被设计师巧妙地"借用"了。这座76米高的宝塔造型独特，由层层楼阁和观景亭构成，设计师通过巧妙的"借景"，使其成为拙政园自身风景的一部分，极大地扩展了这座人间仙境的规模。更加值得一提的是，即使现代苏州的大型商场和摩天大楼鳞次栉比，高度虽远远超出了这座苏州重点保护的历史园林，但这种借景的错觉仍然奏效。

41

拙政园中大小建筑共有41座，建筑与景致浑然天成，融入园林的整体设计，强化了中国园林的本质是设计建造而不是种植点缀的理念。

---

[1] 奇石供石，简称供石。是指天然构成的形状、画面及纹理，并且符合奇石条件，用于室内或室外台摆的石。
[2] 借景是古典园林建筑中常用的构景手段之一。在视线所及的范围内，将好的景色组织到园林视线中的手法。借景分近借、远借、邻借、互借、仰借、俯借、应时借7类。

1. 美丽的玉兰在园中盛开

2. 月洞门中的美丽景致

3. 小径两旁是整齐的树木和景观石，通向古色古香的亭台楼阁

相关推荐

苏州狮子林
（Lion's Grove Garden）
亚洲，中国

这座元代园林以石峰林立为特点，其石块大多取自太湖附近的天然侵蚀石灰岩。

苏州留园
（Lingering Garden）
亚洲，中国

该园林以清朝（1616—1912）的精美建筑为主体，由一条长回廊将园中四个主题部分连缀在一起。

北美洲，美国

长木花园
（Longwood Gardens）

地点：宾夕法尼亚州肯尼特广场长木路 1001 号
最佳观赏时间：冬季，花园色调更加柔和，还会举办节日主题活动
规模：445 公顷

　　受欧洲伟大花园和宾夕法尼亚州东南部美景的影响，长木花园是园艺界拥有很高声誉的一颗璀璨明珠。园中拥有古典花园，令人赞叹的温室和喷泉，所有细节都跟随季节而变化，展现出设计师独具匠心的布局风格。

这座广阔的花园坐落在宾夕法尼亚州的白兰地酒山谷（Brandywine Valley），它历史悠久又风景秀丽。如果大地会说话，就会向你讲述过去这里发生的传奇故事。就像德拉瓦人一样，现在宾夕法尼亚州东部原住民的祖先就住在这里；还有，被奴役的人们穿过这片土地，在地下铁路（Underground Railroad）的帮助下被带到安全的地方。到了今天，这里已成为一个举世闻名的园林所在地。

花园之根

　　费城（Philadelphia）被称为"美国花园之都"（America's Garden Capital）。在距离费城 48 千米内的 36 个花园中，长木花园可以称作皇冠上的一颗明珠。由英国贵格会（Quaker）领袖和殖民者威廉·佩恩（William Penn）建立的宾夕法尼亚州，其地名翻译过来就是"佩恩的森林"，所以说，把树木作为长木花园得以存在的根本，是再合适不过的了。1700 年，贵格会农场主乔治·皮尔斯（George Peirce）买下了这片土地，18 世纪末，他的后代在此地建起一座植物园，逐渐发展成为美国最大的树木收藏园林。然而，到了 19 世纪末，皮尔斯家族对种植园疏于管理，任由木材公司

对园中树木进行滥伐。1906 年，实业家皮埃尔·杜邦（Pierre Samuel du Pont）不忍看到这座昔日瑰宝被砍伐殆尽，便出资将其买下作为乡村庄园，以便保护树木。

─────────

匠心之作

德拉瓦人

　　德拉瓦原住民在长木花园所在的土地上狩猎和种植了数千年，后来才受到贵格会殖民。

─────────

　　杜邦不仅寄希望于将这片土地恢复到往昔的繁茂之态，也渴望打造一个可以款待宾朋的地方。他是一个自学成才的园林设计师，也是一个见识广博的富人，他拥有打造一个梦幻园艺世界的创造水平和经济实力，很快便付诸实践。

生机勃勃的花园

　　杜邦设计规划中的娱乐场地当然保留到了今天——长木花园的室外和 20 个室内空间在每个季节都会举办各种活动和节日庆典。这座花园已经掌握了让植物在最佳时间开花的奥秘，这样就能随时呈现最

主喷泉花园（the Main Fountain Garden）令人印象深刻的喷泉秀

长木花园东温室（East Conservatory）里迷人的花朵和植被

佳状态。不过，没有什么能比4月的春季花展（Spring Blooms）更能完美地诠释这一点了。主温室里种满了兰花、非洲紫罗兰，还有成千上万种像朱顶红和小苍兰这样的春季球茎植物。数不清的水仙花、郁金香和连翘为室外花园增添了色彩，空气中弥漫着淡淡的芳香。喷泉也从冬眠中苏醒过来，意大利喷泉花园①（Italian Water Garden）总是能让游客感到不虚此行。

水景演艺是夏季的标志，著名的喷泉节（the Festival of Fountains）便在此时举行。宜人的夏夜，主喷泉花园中高达50米的喷泉随着音乐起舞，像是漫天绚烂的液体烟花。

白天，玫瑰园（the Rose Garden）的长方形花坛闪耀着明艳动人的色彩，俯瞰着喷泉。

每年最佳观赏时间

对于大部分花园来说，春天和夏天令人陶醉的景色往往是最大的看点，但在这里并非如此。秋天的丰饶正如《秋天的色彩》（Autumn's Colors）一曲中所唱的那样，游人在小径漫步时，可以偶然发现光滑的坚果、鲜艳的浆果和形状奇特的橡子。再加上映入眼帘的壮观美景，可以说，秋天可能是长木花园最完美的季节。而到了冬天，娱乐项目才是当季的首选。在长木

---

① 皮埃尔·杜邦先生对流水与喷泉情有独钟，这份情怀在意大利喷泉花园的设计上体现得淋漓尽致。绿树匝荫，芳草萋萋，6个大池与12个小池喷珠吐玉，交织成大大小小的圆弧水帘，如烟似雾。而喷泉之侧的水梯，流水淙淙而下，点染出活泼欢快的氛围。

花园里的圣诞节，家家户户都惊叹于花园为了节日而特定的种植方案——温室里种满了火红色调的树木和一品红①。伴随柔和的灯光和管风琴的演奏，一曲《冬季仙境》②（Winter Wonder）完美迎合了户外花园中柔和的颜色和白雪覆盖的树木。

5000

这是长木花园兰花展（Orchid Extravaganza）上展出兰花的数量。

制作这个复杂的展览需要大约 65 名工作人员和志愿者参与其中。

园中植被的设计过程和种植技术可能每年都有所不同，但设计师总是秉承着实现完美效果的一贯思路，那就是尊重每个季节的独特性。当年杜邦设计长木花园的目的，如果不是基于为游人带来赏心悦目的宏伟愿景，那么，这个奢侈的园艺仙境还能是为了什么而存在呢？

1. 黄色和粉色的娇艳郁金香装点着春天的风景

2. 冬天，雪花落在室外花园的灌木上

---

① 美国最畅销的盆栽花，花朵呈鲜艳的红色。
② 《冬季仙境》是一首圣诞颂歌，由伯纳德在 1934 年作曲，李察·史密斯作词。

亚洲，印度

夏利玛花园 ①
(Shalimar Bagh)

地点：查谟和克什米尔，斯利那加，达尔湖 ②
最佳观赏时间：4 月是游玩的理想月份，恰逢著名的斯利那加郁金香节
规模：13 公顷

这座 17 世纪时期的花园坐落在达尔湖畔的阔地上，积雪覆盖的峰峦就是它壮观的背景。夏利玛花园展示了波斯风格景观设计的精美图案、丰富水景和感官魅力。

夏利玛花园最大的优势在于它的地理位置。它靠近美丽的达尔湖，背靠神秘的喜马拉雅（Himalayan）山麓，是一个因其壮丽景色和宏伟设计而享誉世界的花园。一旦你踏入这个奇妙的莫卧儿 ③（Mughal）花园，就会迷醉其中。

皇家花园

莫卧儿王朝的皇帝将肥沃的克什米尔山谷视为人间天堂。帝国首都位于往南约 800 千米的地方，于是他们将这里视作远离首都干旱平原的理想之处。1619 年，莫卧儿王朝的第四任皇帝贾汗吉尔 ④（Jahangir，1569—1627）和他的儿子沙·贾汗 ⑤（Shah Jahan，1592—1666）就开始在这里修建皇家花园。

夏利玛花园的设计灵感源自波斯风格，按照平面几何方式布局，以水道为轴，将园区划分为四部分。不过，夏利玛花园的天然倾角使其与其他同类花园大为不同，它的中央通道沿着山坡一直向下延伸。花园以天然泉水为供给，为花园里的果园和茉莉花、番红花、玫瑰、丁香和紫罗兰等芬芳花园提供灌溉。这条中央通道的尽头是花园的三个阶梯露台，沿着达尔湖畔平缓地爬升到山坡顶上的静谧之处。第一个露台上有一个粉红色的亭子，那是皇帝听取臣民请愿的地方。中间的露台是一个豪华花园，专为宫廷娱乐所用。其中有一个亭子现在已被损毁，只剩下地基。最上面的露台是一个隐秘的僻静之处，专供皇后和夫人们私下使用。从许多方面来说，最后一个露台是夏利玛花园的精华所在，黑色凉亭（Black Pavilion）漂浮在周围的池水之上，从中可以欣赏到绝美的景致。

如今，这座皇家花园不再是皇帝的专属游乐场所，而是面向公众开放。人们正在逐步开展修复工作，恢复建筑、修葺喷泉和瀑布、重塑植被的丰富性和观赏性。虽然我们难以随时前往夏利玛花园观光，但是，就像过去的莫卧儿皇帝一样，只要去过，你就会发现这是一个让人流连忘返的地方。

---

① 夏利玛花园是 1642 年恰赫–吉汉皇帝下旨在此修建的著名花园，是世界上罕见的花园，堪称莫卧儿王朝强盛国力的完美体现。这里既是王室的娱乐场所，也是皇帝及其随从前往拉合尔时居住的行宫。
② 印度人心目中的圣湖，也是印度海拔最高的湖泊。
③ 莫卧儿王朝（1526—1857），是突厥化的蒙古人帖木儿的后裔巴布尔在印度建立的封建专制王朝。
④ 统治印度次大陆的莫卧儿王朝的第四任皇帝。他被认为是莫卧儿王朝伟大的皇帝之一。在他的统治下，政局稳定，经济繁荣，文化愈发灿烂，他还继承了其父亲对国家行政的出色管理。
⑤ 沙·贾汗是印度莫卧儿王朝的第五任皇帝。"沙·贾汗"在波斯语中的意思是"世界的统治者"。沙·贾汗在位期间，为他的第二个妻子泰姬·玛哈尔（Mumtaz Mahal，波斯人，传说貌美无比，皮肤如玻璃一样透明，死于难产，是著名的奥朗则布皇帝的母亲）修筑了举世闻名的泰姬陵。

1. 从露台高处望去，若隐若现的扎巴尔万山脉（Zabarwan mountains）

2. 一排喷泉引导游人走向修复后的黑色凉亭

匠心之作

努尔·贾汗
（Nur Jahan）

夏利玛花园（意为"爱的住所"）是贾汗吉尔皇帝对他 20 岁的妻子努尔·贾汗爱意的象征，有人说她是贾汗吉尔最喜欢的宠后。她出生在波斯贵族家庭，她的魅力、智慧和勇敢使其成为宫廷中的重要人物。

相关推荐

尼沙特花园 [1]
（Nishat Bagh）

亚洲，印度

毗邻夏利玛花园，还有另一座宁静美丽的花园——尼沙特花园（也译为"欢喜花园"）。它也是一个令人称奇的莫卧儿花园，闪闪发光的水道和受黄金十二宫启发而修建的露台是其鲜明特色。

[1]　1634 年沙·贾汗所建，背依喜马拉雅山，面朝达尔湖，缓缓的山坡上 12 级台阶式水道代表黄道十二宫，山水流过水道落入达尔湖。

1. 横跨人工湖的范布勒大桥（Vanbrugh's Grand Bridge）

2. 古典亲水露台

布伦海姆宫花园
（ Blenheim Palace Gardens ）

地点：牛津郡，伍德斯托克镇，布伦海姆宫 [①]

最佳观赏时间：9 月和 10 月，可以欣赏到公园及周边由"万能布朗"设计种植的树木所带来的温暖秋色

规模：974 公顷

布伦海姆宫花园是"万能布朗"无与伦比的佳作之一。在 18 世纪，"兰斯洛特·布朗"这个名字就是英式景观花园风格的代名词。布朗这幅看似浑然天成却处处精雕细琢的景观画一直被誉为他最好的作品。

布伦海姆宫花园坐落在英国乡村的中心地带，就像它的创造者布朗一样，堪称英国国宝。作为英国最具影响力的景观设计师，布朗摒弃了传统的规则式花园风格，而是采用自然主义的理念。正是他对布伦海姆宫独具匠心的景观创造，才使这座花园蜚声国际舞台。

法式风格

尽管布朗的大部分作品都属于现代英国园林风格，但布伦海姆宫花园却是个例外。布伦海姆宫是为马尔伯勒一世公爵 [②]（ Duke of Marlborough，1650—1722）而建，当时法国宫廷的设计理念风靡一时。当建筑师约翰·范布勒 [③] 爵士（ Sir John Vanbrugh ）、皇家园艺师亨利·怀斯（ Henry Wise ）和园林设计师乔治·伦敦（ George London ）开始修建宫殿花园时，

他们别出心裁，设计了一条看似无限延伸至远方的大道，还有种植许多修剪成金字塔形的紫杉的规则式花圃。在官邸南侧，有一个圆形底座支撑的呈几何形凸起的花坛。花坛之外，小路阡陌纵横，笔直地穿过茂密的种植园。然而，几十年后，人们认为这种法式风格已经过时，而且维护成本高昂，便逐渐被以布朗为代表的英国自然主义风格所取代。1763 年，马尔伯勒四世公爵乔治·斯宾塞（ George Spencer，1739—1817）委托布朗将布伦海姆宫花园改造成这种时尚的新风格。

3000

1987 年，为修建布伦海姆宫而种植了 3000 棵紫杉树。该设计的灵感来源于宫殿屋顶上的军事战利品。

---

① 布伦海姆宫，也称为丘吉尔庄园。被誉为英国最美丽的风景，它已被联合国列为世界文化遗产。布伦海姆宫因其显赫背景而闻名于世。

② 英国历史上伟大的军事统帅之一，公爵，生于德文郡阿什一贵族家庭，原名约翰·丘吉尔。

③ 英国建筑师、喜剧作家，他设计的牛津郡布莱尼姆宫是英国巴洛克风格登峰造极的作品。

改造性设计

世人经常把布朗看作是一个善于破坏形式的人，这是因为人们只看到了他改造旧址的能力（因此他的绰号叫作"万能布朗"）。例如，当看到横跨在格莱姆河（River Glyme）上华丽的范布勒大桥时，布朗并没有拆除它。相反，他在这条河上筑起水坝，形成一个与大桥比例相称的湖泊。从伍德斯托克村附近的凯旋门（Triumphal Gate）望去，这里的风景在英国仍然首屈一指，同时也是自然主义设计的典型代表。

———

匠心之作

兰斯洛特·布朗

布朗（1716—1783）出生于诺森伯兰郡[①]（Northumberland），毕业后在柯克哈勒庄园（Kirkharle Hall）做园丁学徒。之后，他成为斯托庄园（Stowe gardens）的工作人员，在成为首席园艺师之前，在新英式花园的创始人之一威廉·肯特[②]（William Kent）手下工作。从1750年开始，布朗独树一帜，改造了英国250多处景观。

———

事实上，布朗的标志性风格是创造一个看起来天然存在而实际上是用已经存在的东西反复叠加的景观。为此，他依赖那些经过实践检验屡试不爽的元素。比如，精心布置的树木可以帮助设计师实现隐藏、

显示或增强某个特征的意图。他最常使用的树种之一是昂贵的黎巴嫩雪松[③]，他把这些树木种植在房子周围，看起来就像把房子镶进一副风景相框之中。他把法国规则式花园改头换面，修剪出整齐的草坪，一直延伸到前门，这是当时最时髦的设计。主通道也被拆除，其他部分也遭到大幅削减，露出大片的草地，让开阔的视野尽收眼底。这项改造耗费了大量的劳动和心血，好在结局十分圆满，这个花园看起来似乎无边无界。

连绵景致

尽管布伦海姆宫花园深受布朗的影响，但并非所有东西都是他的作品。其中，意大利花园里著名的水上露台是由法国著名景观设计师阿奇勒·杜尚（Achille Duchêne）为马尔伯勒（Malborough）九世公爵设计的。他的设计回归了修建花园的初心，可以让人从官邸的窗口欣赏华丽的水池和低矮的箱形树篱。其中还点缀着金色的紫杉树篱和喷泉。布朗自己的作品多以水景为主，因此，如果要在这里恢复规则式风格，那么，以水为设计核心似乎合情合理。

尽管后来有了这些豪华的装饰，布朗对景观的处理仍然无可指摘。从范布勒大桥的改造来看，布朗对种植的精确把握显而易见：他知道如何用树木构成景观的关键特征，以及如何以一种看起来和谐的方式重现自然风格。无法否认，布朗在布伦海姆宫花园留下了一笔珍贵且不朽的园林遗产。

———

① 英国英格兰最北部一郡。首府纽卡斯尔。东临北海，北接苏格兰。
② 威廉·肯特（1685—1748），唯美主义者、画家、造园师和建筑师，他是18世纪后半期风景式庭院进入全盛期的先导者。
③ 松科、雪松属植物，乔木。

1. 花园里一棵有300年历史的黎巴嫩雪松

2. 环绕着官邸的无瑕草坪

3. 马尔伯勒十世公爵的私人花园，种植着繁茂多样的植被

大事记

1705—1722 年

在布伦海姆宫建造期间，为了纪念马尔伯勒一世公爵约翰·丘吉尔（John Churchill），约翰·范布勒（John Vanbrugh）爵士、亨利·怀斯（Henry Wise）和乔治·伦敦（George London）精心设计了这座花园。

1763—1774 年

"万能布朗"受马尔伯勒四世公爵委托改建花园。

1769—1784 年

英国建筑师威廉·钱伯斯[①]（William Chambers）爵士将包括花之神殿（the Temple of Flora）在内的古典建筑融入景观。

1905—1930 年

阿奇勒·杜尚在橘园前面设计并修建了意大利花园及水上露台。

1950 年

布伦海姆宫向公众开放。

1987 年

布伦海姆宫入选联合国教科文组织世界遗产名录（UNESCO World Heritage Site）。

① 威廉·钱伯斯（1723—1796）爵士，英国乔治时期最负盛名的建筑师，是当时帕拉第奥式建筑的先导者之一。

波特兰日本花园
（Portland Japanese Garden）

地点： 俄勒冈州波特兰市西南金斯顿大道 611 号
最佳观赏时期： 春季繁花灿烂，秋季满目金黄
规模： 5 公顷

波特兰日本花园被誉为最地道的海外日式花园，是一座精心设计的园艺典范。蜿蜒的小路、平静的水面和青翠的植物带来宁静淡泊之感，这也是日本景观设计原则的真正体现。

波特兰日本花园修建的初衷是治愈美国和日本这两个第二次世界大战中敌对国的创伤，因此，设计者从一开始就将和平与互信作为核心理念。事实上，这座依傍太平洋西北部原始森林修建而成的花园，自 1963 年起就由日本园丁养护，在这里，游人可以看到美国当地的植物，如扭叶松[1]（shore pine/*Pinus conorta*）和花旗松[2]（Douglas fir/*Pseudodotsuga menziesii*），与来自日本的黑松[3]（black pine/*Pinus thunbergiana*）和赤松[4]（red pine/*Pinus densiflora*）共存。这是代表着美国和日本两种文化之间交汇的纽带，事实也的确如此。

意向性

当日本景观设计师佐藤远野[5]（Takuma Tono）受邀设计一个可以让美国人与日本人互相增进了解的景观花园时，他没有采用传统日式花园的单一风格，而是将园林划分为五个不同区域，以反映日本园林美学的发展。池园（Strolling Pond Garden）中的雅致小径和浮在鲤鱼池上的小桥是专为游人漫步而设的；枯山水[6]园（Sand and Stone Garden）中铺满了精心筛选的砾石和沙子，为人们打造一隅沉思的空间；茶园（Tea Garden）深处可以找到一间古朴的茶室，这种庭院自古以来就是人们远离喧嚣的清净之所。野园（Natural Garden）和平园（Flat Garden）的设计则突出表现了四季变化中的独特风情。在整个园区，日本园林设计的重要元素，如水流、石头、桥梁、栅栏、树木和花卉，都和谐地融在一起。

几十年来，在历任园长的耕耘下，波特兰日本花园一直保持着高水准。每每修剪一棵树或移动一块石头都要经过思考和论证，每处细微变化都要确保不破坏整体的真实统一。在这里，人们专心地沉浸在感官体验当中，而不是鉴别植物——这里的植被都不附标签，只供欣赏。这座最初为了和平友谊而建的园林现在已经被打造成一个美丽之地，令人心驰神往。

---

[1] 松科松属植物，成龄树高 21~24 米，胸径可达 70 厘米，通常为 30~40 厘米。
[2] 松科黄杉属植物，常绿大乔木，高达 100 米，胸径达 12 米。树皮厚，深裂成鳞状。
[3] 别名白芽松，常绿乔木，高可达 30 米，树皮带灰黑色。
[4] 松科松属植物，乔木，高达 30 米，胸径达 1.5 米；树皮橘红色，树干上部树皮红褐色；枝平展形成伞状树冠；一年生枝淡黄色或红黄色。
[5] 康奈尔大学的景观学硕士，曾经主持过布鲁克林植物园、孟菲斯植物园里的日式花园的设计，他也是日本最早一批开设景观设计事务所的日本先驱设计师之一。
[6] 枯山水一般是指由细沙碎石铺地，再加上一些叠放有致的石组所构成的缩微式园林景观，偶尔也包含苔藓、草坪或其他自然元素。枯山水并没有水景，其中的"水"通常由砂石表现，而"山"通常用石块表现。有时也会在沙子的表面画上纹路来表现水的流动。

1. 秋季的池园一派金黄景象

2. 春季，平园的樱花竞相绽放

3. 园中竹亭让人心旷神怡

相关推荐

新宿御苑
(Shinjuku Gyoen National Garden)

亚洲，日本

在组成这座花园的三种不同类型的庭院中，传统的日本景观园林最为独特。小桥点缀在池塘之上，水边环绕着修剪整齐的树木，春天有紫藤花、樱花和杜鹃花盛开，园中景致清幽宁静。

欧洲，爱尔兰

宝尔势格庄园 ①
(Powerscourt Gardens)

地点：威克洛郡，恩尼斯凯里，宝尔势格地块
最佳观赏时间：春天，日式花园里杜鹃花盛开；夏天，园中花团锦簇
规模：19 公顷

宝尔势格庄园的观赏花园以引人注目的山峦为背景，体现了 19 世纪的典型风格和辉煌成就。各种元素在此完美融合，雕塑、花圃和池塘交相呼应，达成一种美妙的平衡。

在宝尔势格庄园的顶层露台上，可以看到钟灵毓秀的风景，这世间很少有其他景色能够与之媲美。在那里，连绵的美景穿过华丽的露台，延伸到远处的水面，再融入舒格洛夫山（Sugarloaf Mountain）的怀抱。建筑师和工人，以及宝尔势格（Viscounts Powerscourt）六世和七世子爵，花了多年时间才打造出这样一个令人叹为观止的庄园，他们为今日这里呈现的景观奠定了良好的基础。

19 世纪，两位子爵都进行过一次称为"环游欧洲"（Grand Tour through Europe）的旅行，从他们在各地欣赏到的伟大花园中汲取灵感，构建出一个充满多样性的景观庄园。宝尔势格庄园包含许多巴洛克②风格的景观组成元素，就像我们在凡尔赛宫看到的那样，拥有开阔的视野、几何美学的布局及大量的雕塑。从顶层露台，一条露天阶梯（Perron，一种意大利式的双层楼梯）流淌而下，通向意大利花园，精心修剪的草坪上点缀着明艳的一年生植物，旁边矗立着庄严罗马神灵

的大理石雕塑。远处，特里顿湖（Triton Lake）熠熠生辉，与上方水势汹涌的喷泉交相呼应。它们滋养了附近的园中园（Walled Garden），那是爱尔兰最大的草本植物花圃，每到夏天就枝繁叶茂，百花争艳。

再往外走，花园更显随意慵懒，逐渐融入更广阔的景观。不过，园中仍然处处有惊喜：日式花园里的桥梁娇媚多姿；长满苔藓的石窟充满了哥特式③的神秘感；塔区（Tower Valley）有一座坐落在常青树中间的胡椒罐塔楼④（Pepperpot Tower），因其独特的胡椒罐造型而闻名遐迩。沿着步道环绕庄园一圈，回到顶层露台时，就可以将令人流连忘返的景观尽收眼底。

100

据说，修建意大利花园露台用了 100 名工人，他们用铲子和铁锹，花了 12 年时间才完成这项工程。

---

① 建造于 18 世纪 20 年代，由 100 名工人历经 12 年建造完成。
② 1600—1750 年在欧洲盛行的一种艺术风格，最基本的特点是打破文艺复兴时期的严肃、含蓄和均衡，崇尚豪华和气派，注重强烈情感的表现，气氛热烈紧张，具有刺人耳目、动人心魄的艺术效果。
③ 哥特式最早是文艺复兴时期被用来区分中世纪时期（5—15 世纪）的艺术风格，以恐怖、超自然、死亡、颓废、巫术、古堡、深渊、荆棘、黑夜、诅咒、吸血鬼等为标志性元素。
④ 庄园一角有一座古代传统圆形炮楼，根据当年庄园主人餐桌上的胡椒罐造型建造而成，所以叫作胡椒罐塔楼。

1. 特里顿湖喷泉的水柱
2. 夏季，园中园茂密斑斓的花圃

相关推荐

巴巴里戈别墅
（Villa Barbarigo）
欧洲，意大利

瓦尔桑齐奥比奥（Valsanzi-bio）的巴巴里戈别墅花园拥有令人印象深刻的巴洛克式设计，包括华丽的大门、台阶和花坛、修剪整齐的常青树、雕像、远景和水池。这里十分有趣，比如爱搞"恶作剧"的喷泉总在最意想不到的时候把游人淋得浑身湿透。兔子岛和迷宫也非常有看点。

亚洲，中国

颐和园 ①
（Summer Palace）

地点：北京市海淀区新建宫门 19 号
最佳观赏时间：4—5 月，可以欣赏盛开的玉兰和樱花；9 月秋高气爽，也是游玩的好时节
规模：297 公顷

颐和园是一座由人造山丘、湖泊、小岛、拱桥和华丽的宫殿建筑组成的宏伟园林。其规模堪称史诗级宏大，是中国最后一个封建王朝展现其权力、财富和精致的生动缩影。

中国古典园林最善用微缩的形式再现丰满的风景，但规模庞大的颐和园一点儿也不小。这座耗资巨大的消暑之地是当今世上规模最大的皇家园林。颐和园四分之三的面积都被平滑如镜的昆明湖 ②（Kunming Lake）覆盖。万寿山（Longevity Hill）是用湖中挖出的泥土垒起的，高出水面约 60 米，山顶矗立着八角形的佛香阁（Tower of Buddhist Incense），还有宏伟的大厅和亭台楼阁。风景如画的颐和园迎接着每一位从东宫门（East Palace Gate）入口穿行而进的游人。

为太后修建的园林

在 1911—1912 年中国的封建王朝土崩瓦解之前，颐和园是中国统治者的私人领地。最后一位在这里居住过的皇室成员是慈禧太后 ③（Empress Dowager），19 世纪 80 年代，慈禧命人对园林进行修复，并将这座庞大的建筑群命名为颐和园，代表"永享安宁"之意。今天的颐和园就像那个时代的浓缩侧影。慈禧的御室和私人房间仍然保留着她离开时的样子，优雅的庭院点缀着观赏石，种植着珊瑚粉色的海棠花，象征着尊荣和健康。在慈禧的住处之外，邀月门（Inviting the Moon Gate）连接着长长的走廊，这是一条带顶棚的雅致廊道，可以望见昆明湖北岸点缀的亭台楼榭。我们可以想象，当年慈禧太后在这里散步，享受着水上的清风拂过面颊，欣赏着装饰在横梁、顶棚及拱门上的许多艺术珍品，其中大部分都是关于田园风光、佛教故事和民间神话故事的绝妙画作。

风水之道

和大多数中国古典园林或任何园林一

---

① 中国清朝时期皇家园林，前身为清漪园。它是以昆明湖、万寿山为基址，以杭州西湖为蓝本，汲取江南园林的设计手法而建成的一座大型山水园林，也是保存最完整的一座皇家行宫御苑，被誉为"皇家园林博物馆"。
② 古称"七里泊""瓮山泊""大泊湖""西湖"。
③ 孝钦显皇后叶赫那拉氏（1835—1908），一般根据其徽号简称为"慈禧""慈禧太后"，又称"西太后""老佛爷"。晚清重要政治人物，清朝同治、光绪时期的实际统治者，前后掌晚清政权近半个世纪。咸丰帝的妃嫔，同治帝的生母。

1. 昆明湖上漂浮的王莲

2. 颐和园复杂建筑的细节

大事记

- **1764 年**
  颐和园的前身是清漪园（the Garden of Clear Ripples），是清乾隆皇帝①为给他母亲贺寿而修建的。

- **1860 年**
  第二次鸦片战争②期间，英法联军洗劫了颐和园及附近的园林。

- **1888 年**
  慈禧太后重建清漪园，将其改名为"颐和园"。

- **1914 年**
  清朝灭亡后，颐和园首次对公众开放。

---

① 清高宗爱新觉罗·弘历（1711—1799），清朝第六位皇帝，定都北京之后的第四位皇帝。年号"乾隆"，寓意"天道昌隆"。在位 60 年，禅位后又继续训政，实际行使最高权力长达 63 年零 4 个月，是中国历史上实际执掌国家最高权力时间最长的皇帝，也是最长寿的皇帝。
② 1856 年 10 月—1860 年 10 月，英、法两国在美、俄支持下联合发动的侵华战争。其目的是进一步打开中国市场，扩大其在华侵略利益。

1. 昆明湖上连接东堤和一个小岛的十七孔桥

2. 春季烂漫的粉色花朵

样，植物只是颐和园的一个组成部分。水域和景观特征、观赏岩石、艺术作品和建筑本身都在园林设计中发挥了作用。在这些元素搭配运用的过程中，如何使它们平衡统一，正是中国园林设计的关键。风水，即"风水之道"，是中国古代为了实现和谐与平衡而干预环境的艺术。从这个意义上说，和谐指的是通过遵循道家（Taoist）的阴阳观念，即阴阳之力的互补原则，而获得的一种平和之态。万寿山和昆明湖正是对这一理念的完美诠释：水代表着平静、顺从的阴；而垂直有力的山则代表着与之相反的阳。谐趣园（the Garden of Harmonious Interests）也是一个典型例子，虽然规模不大，却能把各种特色完美地融合在一起，涓涓溪流、玲珑廊桥、柔和的视觉变幻、古朴字画、

蜿蜒长廊，以及不同季节交织开放的荷花、柳树等植物都有机统一、浑然一体。

幻想与愚蠢

颐和园充满了比拟之意。它的许多特色都模仿了中国的著名景点，比如杭州西湖（Hangzhou's West Lake）或苏州园林，但颐和园也反映出当时的中国统治者已经变得多么不切实际。慈禧的石舫（Marble Boat）就是一个力证，这是一座两层楼高的亭子，被设计成西式汽船的形状。为了重建园林，慈禧不惜动用北洋水师的军费。要知道，当时的中国正需要现代化军舰来对抗殖民列强的入侵，可悲的是，这笔军费花出去，清政府却只得到了一艘"仅供观赏"的石船。

728

颐和园内湖滨有棚长廊的长度
为 728 米。

传世园林

在整个颐和园的建筑上都刻有"寿"字，以祝福太后福寿绵长。虽然颐和园见证了 2000 年来的帝王传统和清朝统治的终结，但作为皇家园林，其瑰丽价值依然存在。末代皇帝退位两年后，这座建筑群面向公众开放。从那以后，除了经历几次小插曲，颐和园一直保持开放。1998 年，颐和园被列为世界文化遗产。

慈禧太后精心打造的石舫

欧洲，荷兰

库肯霍夫公园
(Keukenhof)

地点：阿姆斯特丹市利瑟镇车站路 166A
最佳观赏时间：3 月底到 5 月中旬，第一批郁金香在 4 周内迎来盛放期
规模：35 公顷

在库肯霍夫公园，园丁一年中的大部分时间都在做准备，不停规划并完善一次短暂却壮观的花卉狂想曲。这里有精心培育的花坛，色彩缤纷的花朵在世界上最著名的郁金香花圃的草坪上尽情绽放。

在短短几个月的春天里，长达 48 千米的花田区域①（Bollenstreek）上的球茎花田会绽放出绚烂的色彩。紫色和橙色的番红花最先从融化的土壤中冒出来，其次是黄水仙、水仙、风信子和鸢尾花。但在花田区域中心的库肯霍夫花园，郁金香才是最吸引眼球的。

一次种一个球茎

库肯霍夫公园曾经是一座英式花园，1949 年，球茎种植商人发现了它作为观赏类花卉种植园的潜力。1950 年，库肯霍夫公园开始营业，它的商业项目十分成功，一下就吸引了 23.6 万人来欣赏这里短暂花期的美丽。到 2019 年，已有 140 万游客争相来访，在这里留影。显然，库肯霍夫公园能引发如此轰动效果的原因是：这个花园是既纯粹又精准。

像库肯霍夫花园这样精心布置的花球公园，并不是简单地放任花朵自己从土壤中生长出来。数以百万计的球茎需要手工种植，而且必须是种完一个再种下一个，因此举办这样的花展其实是一项十分艰苦又复杂的大工程。为了使每个球茎都能按顺序开花，以确保连续性，花匠必须把每个球茎种植到正确的深度和精准的距离上，才能获得完美的效果。这个花期刚刚结束，花匠就要着手为第二年的花展做准备。不过作为荷兰花卉魔法的经典之作，库肯霍夫公园里明媚、短暂又芳香扑鼻的春天总能让人迷醉。

———

对家庭园艺的启发

郁金香热

种植郁金香并不需要很大地方。事实上，对于荷兰的城市居民来说，郁金香是一种可以在花盆和窗台花箱里种植的花。你可以在库肯霍夫公园商店购买纯种球茎，专家会指导你种植的时间与具体方法。

———

1. 一排排色彩鲜艳的郁金香纷纷盛开

2. 从 10 月到 12 月底，园丁专注地种植球茎，以便来年春天开花

3. 美丽的粉色和蓝色风信子花坛

———

① Bollenstreek 的全称为 Duin-en Bollenstreek，它位于荷兰西部，是一片种植球茎花卉的区域，面积很大，官方划定的区域是从北边的哈勒姆到南边的海牙，整个种植区包含了 6 个主要的地点：希勒霍姆、卡特韦克、利瑟、诺德韦克、诺德克豪特和泰灵恩。

海恩豪森城
堡前的完美
大花园

欧洲，德国

海恩豪森王家花园
（Herrenhäuser Gtrasse）

地点：汉诺威市海恩豪森街 4 号
最佳观赏时间：4 月至 10 月，这里会举行音乐会和节日表演等艺术活动，水景秀也会启幕
规模：135 公顷

作为贵族优雅身份的象征，海恩豪森王家花园巧妙地将花圃、林荫大道、水景和镀金雕像等元素融合在一起。中心的大花园是欧洲重要的巴洛克式花园之一，也是这里最受瞩目的地方。

海恩豪森王家花园这座庄严、华丽、庞大的建筑让人们有机会观摩一个已经逝去的时代，为游人提供了在曾经皇室和贵客的居所里悠闲散步的机会。这座宏伟的庄园由环绕着宫殿的 4 个花园组成，在 17—19 世纪，它在朝臣和贵族中风靡一时。它以能够在郁郁葱葱的花园举行化装舞会，还有在环绕大花园的运河上乘坐贡多拉游玩而闻名。今天，这座花园仍然是一个令人愉悦的场所，频繁的喷泉表演和文化活动仍然吸引着络绎不绝的游人。

宝贵遗产的起点

海恩豪森王家花园的历史可以追溯到 300 多年前，它的存在要归功于汉诺威选帝侯（prince-elector）欧内斯特·奥古斯都（Ernest Augustus）的妻子，公爵夫人索菲亚（Sophia）。索菲亚与园艺大师马丁·沙博尼耶（Martin Charbonnier）一起监督了王家花园的创建，这是在原有只占庄园现有面积一半的游乐花园基础上进行扩建的。她从法国最宏伟的花园——凡尔赛宫和沃勒维孔特城堡（Vaux-le-Vicomte），以及祖国荷兰的罗宫（Het Loo Palace）中汲取灵感。索菲亚将大部分精力都献给了这座名为"大花园"（Großer Garten）的园林，直到 1714 年去世。她与沙博尼耶一起，用复杂的漩涡图形、绵延数里的角树和箱形树篱，以及高达 72 米的欧洲最高"大喷泉"（Great fountain）构建出了严谨的几何图案。她在园中引进稀有植物，并委托雕刻大师创作适合王家花园的艺术作品。据说，索菲亚对园林艺术倾注了无限热情，她曾用一句话评价了自己的工作："这座花园就是我的生命。"

25000

这个数字是海恩豪森王家花园里种植的兰花数量。其中约有 3000 种不同的兰花品种，另外还有 1000 种杂交品种。

植物学的杰作

除了占地 50 公顷的大花园，海恩豪森王家花园还有其他三个园林奇迹，分别是小山花园（Berggarten）、威尔芬花园（Welfengarten）和乔治花园

（Georgengarten），每一个都令人印象深刻。在大花园对面的小山花园最初是一个种植庄稼的菜园。由于索菲亚对稀有植物产生浓厚兴趣，她将该区域变成了一个植物园，在那里培育和照料来自世界各地的物种。几个世纪以来，索菲亚打造的这座名副其实的天堂被不断地扩建和改造，幸运的是，每一任设计者都对她追求色彩和美丽的意愿表达出敬意。夏末的草原花园百花齐放，里面有 900 多种开花灌木和来自北美的各种草类。仙人掌、热带雨林、亚热带和热带的植物生长在温室中，在阳光的照耀下释放芳香。这里还有鸢尾花、杜鹃花和木兰的独立展区，以及茂盛的花卉草地和富丽堂皇的石头花园。这里也是世界上最大的兰花种植地。

英式景观

如果说小山花园是一次穿越世界的旅行，那么威尔芬花园和乔治花园则深深植根于英式景观风格。海恩豪森大道（Herrenhäuser Allee）位于海恩豪森王室花园东部，是一条长 2 千米的林荫道，两旁种着 4 排椴树，通向大花园和汉诺威市。这条大道的两侧就是乔治花园，它的外观就像一幅优美的山水画卷。这座建于 18 世纪的花园与规则式风格的大花园形成了鲜明对比，其郁郁葱葱的草坪、宁静的湖泊、精致的灌木和桥梁为人们悠闲

散步和野餐提供了便利。在通往城市的道路尽头，威尔芬花园也让人联想到英式花园风格，它的中心就是宏伟的威尔芬城堡（Welfenschloss）。

———

匠心之作

花园客人

在鼎盛时期，海恩豪森王室花园接待过许多重要的客人，如俄罗斯沙皇彼得大帝（Peter the Great），他曾在这里与索菲亚共舞；伟大的作曲家乔治·弗里德里希·亨德尔（George Frideric Handel）曾在这里演出；索菲亚的挚友，德国哲学家戈特弗里德·威廉·莱布尼茨（Gottfried Wilhelm Leibniz）也曾经到访这里；还有许多艺术家、诗人和作家都是这里的座上宾。

———

索菲亚并不是唯一影响海恩豪森王室花园的人，事实上，后来有许多接管者，第二次世界大战期间的轰炸后，这座园林又被修葺翻新。今天，该建筑群精心保护的花园已将新观与旧制、历史和现代有机结合在一起。无论如何，海恩豪森王室花园都是园林艺术的真实表现，也是植物多样性的丰饶宝库，每年都会给成千上万的游人带来惊喜。

1. 壮观的大喷泉

2. 海恩豪森大道上铺满金黄色的落叶

3. 树木倒映在乔治花园平静的水面上

埃斯特庄园
(Villa d'Este)

地点：蒂沃利特伦托广场 5 号
最佳观赏时间：盛夏时节，喷泉的清凉浪花和常青树斑驳的树荫可以抵御炎热
规模：4.5 公顷

　　精美的埃斯特庄园是 16 世纪意大利文艺复兴（Renaissance）全盛时期园林艺术的独特典范。这座庄园打破常规，其原始景观是最早也最奢华的以水为主要元素的花园。

几个世纪以来，人们一直把喷泉看作是权力和地位的象征。在意大利文艺复兴时期，园林中对水法的运用达到一个全新的高度。这一时期古典风格的复兴极大地影响了人类与自然的关系，花园变得更加宏伟，更加推崇秩序和地位，充满了彰显主人地位和财富的意味

　　事实上，埃斯特庄园里自动重力式水秀表演（即音乐喷泉秀）的设计灵感来自 16 世纪非常富有的传教士——枢机主教伊波利托二世·德·埃斯特（Ippolito II d'Este）。在竞选教皇失败后，他接受了蒂沃利小镇的州长职位，并在此修建了一座豪华的乡间别墅。在建筑师兼古文物学家皮尔洛·利戈里奥（Pirro Ligorio）的帮助下，他创造出一个独一无二的以水为灵

的庄园，以此来抚慰遭受失败的自己。当初伊波利托二世修建庄园的唯一目的就是美化自己，给访客留下深刻印象，他的确做到了。本着文艺复兴时期园林设计的嬉皮精神，连接到压力阀的管道网络可以激活喷泉随机喷水（即水之玩笑）淋湿毫无戒备的游人，让他们又惊又喜，惊叫连连。除了让游客倍感兴奋，这座庄园还成为后来鼎盛巴洛克风格花园（High Baroque gardens）的标杆之作，它对水法的运用也提升到新的高度。

精准设计

　　这座园林建在一个朝向西方的陡峭山坡上，一条中轴线穿过台地①向上贯穿整个庄园，从下方看去，埃斯特庄园宛若悬在

从海神喷泉（Neptune Fountain）俯瞰柑橘盆栽环绕的宁静鱼塘

---

① 埃斯特庄园是一座典型的台地园，台地园为欧式园林重要分类，最早出现在意大利，为现存古园林四大体系之一。一般认为意大利台地园是较早发展起来的，因为意大利半岛三面濒海而又多山地，所以建筑都是因其具体的山坡地势而建的，因此在建筑前面能开辟出一层层台地。

相关推荐

兰特庄园
(Villa Lante)
欧洲，意大利

兰特庄园位于巴涅亚镇（Bagnaia），是一座保存完好的文艺复兴鼎盛时期花园，1568 年，由枢机主教詹弗朗西斯科·冈巴拉（Gianfrancesco Gambara）和建筑师贾科莫·维尼奥拉（Giacomo Barozzi da Vignola）主持建造。

兰特庄园的设计亮点是穿越园林的链式水系和巧妙的喷泉广场（Fountain of the Table）。水系如同山涧小溪，沿着园区流动，当客人用餐时，这条水道还能充当天然冷却器，为葡萄酒降温。

1

2

3

1. 20世纪30年代，海神喷泉以其惊艳的水秀抢尽风头

2. 从埃斯特庄园俯瞰蒂沃利美景

3. 百泉大道（the Avenue of One Hundred Fountains）上排列的喷水口多达300个

> "在整个意大利这个百花之乡、世界花园，再也没有比这里更富丽堂皇的了。"
>
> ——作家、艺术家，埃莉诺·维尔·博伊尔 [1]
> （Eleanor Vere Boyle）

空中。

沿着庄园的中轴线有一条又长又直的中央阶梯，两侧种植着高高的月桂树。最初，这片水上绿洲的入口是庄园底层一扇不起眼的小门，游人进入之后才能发现里面别有洞天。如今，园中美景声名鹊起，游人可以通过别墅华丽的房间进入园区，从台地的制高点俯瞰整座花园的对称之美。尽管如此，最初的入口处仍然保留着令人赞叹的特色：柏树园（the Rotunda of the Cypresses），那是一片环绕着圆形空间的古柏树林。

奇妙庄园

庄园通过一系列对称的空间铺展开来，有较短的台阶和笔直的小径，通向供奉古典神灵的凹室和壁龛。每层露台运用水景的方式都各有不同，随着游人的脚步产生交响乐般的奏鸣。无论是喷溅的水花、垂落的瀑布，还是婉转的涓涓细流，都可以将埃斯特庄园的喷泉比作一支水上管弦乐队。

穿过圆形的柏树园，壮观的海神喷泉令人叹为观止。冲天的水柱与散落的水幕相遇时迸发的力量令人震撼，在水雾中若隐若现的彩虹带来的视觉效果更加迷人。

庄园深处的风琴喷泉（the Fountain of the Organ）利用空气和水的压力产生叮咚音符，这个场景在几个世纪后仍然令人啧啧称奇。

除水之外，其他元素，如石雕和常青树，在埃斯特庄园中的运用也可圈可点。幽暗荫蔽的树林和修剪过的绿色鲜嫩紫杉树因其纹理和造型而颇受关注，但更重要的是，这抹浓绿为散布园区的许多雕像提供了一个对比鲜明的背景色。

传世之愿

和大多数历史悠久的园林一样，埃斯特庄园从 1695 年开始也经历过一段衰败时期。然而，对 18 世纪英国景观风格的模仿，抹杀了许多文艺复兴时期的花园风格，埃斯特庄园的规则式风格却幸运地得以保留。这种善意的忽视保留了庄园的完整性和独特性，使意大利政府有机会恢复和重构当年枢机主教的愿景。

从上层露台往下看，园中景色渐行渐远，绵延数里，整个罗马乡村尽收眼底。这种令人记忆深刻的美景正是枢机主教想要达到的效果——它将吸引各地游客接踵而至，也引得其他园林争相效仿。

---

① 维多利亚时代的英国艺术家，19 世纪 60 年代重要的女性插画家。

1. 月光花园（the White Garden）里的茉莉蔷薇（Rosa mulliganii）

2. 南村花园（the South Cottage Garden）里春暖花开

西辛赫斯特城堡花园 ①
(Sissinghurst Castle Garden)

地点：肯特郡克兰布鲁克比登登路
最佳观赏时间：5—6 月，这是花园最壮观的时候，鸢尾花和玫瑰盛放
规模：182 公顷

据说，爱可以征服一切。1930 年，薇塔·萨克维尔－韦斯特（Vita Sackville-West）和哈罗德·尼科尔森（Harold Nicholson）爱上了这座废弃的肯特郡庄园。他们一起孜孜不倦地工作，以实现关于诗意的英国乡村花园的梦想。

西辛赫斯特城堡花园包罗万象，集历史、个性、激情和植物于一身，是全世界园艺爱好者的朝圣之地。穿过都铎式（Tudor）的红砖拱门，感觉就像是进入一个私人伊甸园、一个充满艺术美感的世界，花园里开满了娇艳的花朵，空气中弥漫着花香。

西辛赫斯特城堡花园的独特之处在于，一对才华横溢又特立独行的夫妇将它从一个小小的废弃农场中创建起来，他们就是作家兼诗人的薇塔·萨克维尔-韦斯特和她的丈夫，外交官兼作者哈罗德·尼科尔森。他们是完美的搭档，薇塔是艺术家，而哈罗德是建筑师。由于出身贵族，薇塔又对文艺复兴时期意大利艺术充满热情，她拥有强烈的视觉审美水平。哈罗德则用他对几何和对称的敏锐眼光来帮助她将艺术创作变为现实。他在设计墙壁和树篱时精心考虑花园分区，以解决尴尬的角度和视角问题，为薇塔的甜美植物创造了完美的框架，从而使整个庄园清晰有序。

多多益善

薇塔不是极简主义者。"塞，塞，塞，塞满每一个缝隙"正是她的座右铭。她做到了这一点。层层叠叠的花坛里种着茂密的下木栽植 ②（underplanting），也密密麻麻地种着各种各样的植物。所有空间都被填满，就连曾经矗立在这里的伊丽莎白庄园（Elizabethan manor）的废墟——现在的庄园围墙，也精心栽种了绿植、藤蔓和玫瑰。尽管薇塔的随性风格可能使整个庄园显得零星而不正统，但她非凡的眼光确实为整个 20 世纪的英国乡村花园提供了标准。

花园房间

西辛赫斯特城堡花园主要基于工艺美术花园原则，但这对夫妇创造出自己独特

---

① 西辛赫斯特城堡花园里有一系列的房间，每个房间都有一个独特的主题，并由紫杉树篱和古老的墙壁隔开。这座花园对英国花园的发展产生了深远的影响。
② 林学名词，指在上层乔木以下的灌木或地被类进行的种植。

分隔区域的植物墙

1. 西辛赫斯特城堡花园标志性的月光花园墙壁爬满了白花藤萝（Wisteria venusta）

2. 从修复后的伊丽莎白庄园俯瞰西辛赫斯特城堡花园

3. 藤本蔷薇（Rosa complicata）——西辛赫斯特城堡花园发现的许多古老玫瑰品种之一

> # "这里的花园就像一出戏中的各个演员，轮流登台表演。"
>
> ——前首席园丁，米歇尔·凯恩（Michelle Cain）

的"花园房间"风格，将哈罗德的完美主义与薇塔的园艺活力融为一体。花园房间充满了与众不同的主题布置，既引人注目，又不失风格。从椴树小径（Lime Walk）的清幽凉爽到南村花园的炎热感受，每个空间都有自己独特的氛围。隆德尔玫瑰园（Rondel Rose Garden）是薇塔的精神家园，她幽默地宣称自己"醉倒在玫瑰上"。正是在这里，她培养起对古老玫瑰品种的喜爱之情，比如法国蔷薇、白蔷薇、大马士革玫瑰和摩洛哥玫瑰等。月光花园因其柔美的气场和甜蜜的浪漫而令人心醉；方形的薰衣草花坛里满是银光闪闪的叶子和亮白色的多年生植物。这种视觉效果令人震撼，总是引得人们连声赞叹。

诗歌和散文

薇塔不仅是一位杰出的园丁，还是一位卓有成就的作家、小说家、诗人和伟大的园艺作家。就在西辛赫斯特城堡伊丽莎白时代的塔楼里，薇塔在可以俯瞰花园的地方建造了自己的写作室。从1946年开始，她每周都在《观察家报》（The Observer）上开设园艺专栏，吸引了众多读者。当薇塔分享她在西辛赫斯特城堡花园中种植的成功和失败时，总是能把敏锐的智慧和权威的判断用坦率耿直的散文表达出来。她带领读者一起踏上她的创作之旅，许多人慕名来这座花园参观。通过薇塔的散文和诗歌，西辛赫斯特城堡花园俘获了读者的芳心。到了20世纪50年代末，这个花园已声名远播。1962年，薇塔在西辛赫斯特城堡花园去世，6年后，孤独的哈罗德也撒手人寰。这座美丽的花园是他们永恒的遗产，薇塔和哈罗德的最初梦想也无疑会流芳百世。

———

匠心之作

修复薇塔的玫瑰园

玫瑰园是薇塔的骄傲之地和欢乐源泉。多年来，她采集了200多个珍贵的古老玫瑰品种。有些品种幸存下来，也有许多已经随着时间的推移而消亡。2014年，英国国家信托组织（National Trust）开始从薇塔的原始藏品中培育不同品种，并将它们带回玫瑰园，使其恢复往日的辉煌。

———

欧洲，法国

马克依萨克空中花园
(The Hanging Gardens of Marqueyssac)

地点：佩里戈尔韦扎克 24220 号
最佳观赏时间：7 月和 8 月，每逢周四举行烛光之夜；或是秋天，那时满地都是常春藤叶
仙客来（Ivy-leaved Cyclamen）
规模：22 公顷

马克依萨克空中花园坐落在多尔多涅河（Dordogne River）河谷上方的山丘上，是世界园林设计史上的一个奇迹。在此参观时，你一定会惊叹于其造型修建独特的箱型花坛。

马克依萨克空中花园建在一块毛毛虫形状的场地上，感觉就像童话世界，其精心设计的目的就是带给人惊喜和愉悦。它像沉睡的巨龙一样蜷曲在那里，以花坛为起点，当你走在园林的小径上，就像是穿越于史诗故事中的不同场景中。这是一位退伍士兵朱利安·德·斯尔沃（Julien de Cérval）在 1861 年为自己新继承的财产构思花园时的灵感，他秉持对欧洲黄杨（Buxus sempervirens）的喜爱，同时受到那个年代浪漫主义美学的影响，修建了这座园林。

园艺魔法

欧洲黄杨是马克依萨克空中花园的标志性植物。斯尔沃在园中大面积种植黄杨，而没有采用当时占据主流的巴斯申（Bastion）花坛的缓冲种植形式。在这里，每一株植物都独一无二，靠手工修剪到完美的形状，各个活灵活现。幸运的话，你可以看到笼罩在薄雾中的花坛，点缀着无数的小蜗牛，或是午夜天空下闪烁的点点烛光。

河谷长廊

花园周围的小路分为三个环路，终点都是观景台，在此可以俯瞰河流和下方村庄的壮丽景观。通往教堂的路线围绕南面的悬崖，这是一条最值得一看的小路，路边有着橡树和休息站，向着山谷上方延伸。完成环行后，游人会在城堡高处遇到这次游览的终极明星——自由放养的孔雀。岩石小径、清爽凉亭、长满黄杨的幽暗通道，以及通往乡村屋舍的隐秘台阶，为这座花园增添了更加浓郁的浪漫色彩。事实上，马克依萨克空中花园对所有漫步其中的人都施了魔法。

150000

这个数字是整个花园中箱形花坛中的植物数量，大部分植物有超过 100 年的历史，其中有 3500 株是在 1996 年修复期间新种植的。

1. 阿尔罕布拉宫墙上复杂的灰泥装饰细节

2. 阿尔罕布拉宫的狮庭被对称建筑包围的内院

欧洲，西班牙

阿尔罕布拉宫
（La Alhambra）

地点：安达卢西亚，格拉纳达
最佳观赏时间：春季或秋季，避开气温最高、人流最多的季节；如果想要特别体验，
可以在夜晚参观奈斯尔皇宫的庭院
规模：13 公顷

在"红宫"的围墙之后，有一个精致的世界。在那里，建筑和花园有机结合，浑然一体。它根据传统的伊斯兰风格设计，是中世纪时期摩尔人（Moorish）和东地中海（East Mediterranean）花园设计最佳的现存范例。

在阿尔罕布拉宫，你很难将内部空间与外部空间彻底分开。这座宫殿和花园的建筑群并不依靠绿植出彩，更确切地说，它的建筑是至高无上的荣耀之作，主要是为了引导游人从美丽的房间来到有遮蔽的庭院。它可能和大多数人印象中的"花园"不太一样，许多伊斯兰风格的花园更注重艺术细节，而不是种植花草的规模。阿尔罕布拉宫的墙壁上雕刻着阿拉伯文字、镶嵌着瓷砖、描绘着白色的花卉图案，所有这些都在水池和喷泉的水面上展现出精致的倒影。

迷人的庭院

奈斯尔皇宫（Nasrid Palace）无疑是阿尔罕布拉宫的标志性建筑。游人可以沿着一条固定的路线在过渡自然的建筑和花园中穿行。房间通过窗户和宽大的开放式门洞直接通向庭院，让凉爽的微风吹送进来。不过，尽管阿尔罕布拉宫富丽堂皇，但第一个庭院——镀金庭院（the Court of the Gilded Room）是一个令人愉悦的简朴空间。一个月牙形的水盆在中心处矗立，唤起一种宁静之感。桃金娘中庭（the Court of the Myrtles）延续了这种风格，那里有一个引人注目的宽阔水池，池边排列着笔直对称的桃金娘[①]（myrtle）树篱，在平静的水面上倒映着曼妙的身影。

狮庭（the Court of the Lions）是最著名的，它被一直留存至今——这是多么美妙的事情啊。它坐落在一个以《古兰经》（Qur'an）中的天堂花园为蓝本的典型伊斯兰建筑——察哈尔巴格（Chahar Bagh）中，被排列成十字形的小溪分成四个部分，由中央喷泉供水。这种布局看似简单，掩盖了它真实设计的复杂性。据说，这个设计是基于几何原理和计算，一切规划都与庭院的长宽比例相匹配，甚至考虑了柱子高度的影响。当然，我们无法用视觉衡量这些复杂的尺寸，但园林结构的完美比例会给人一种浑然天成的准确感和震撼感。总之，这些元素组合在一起，不知何故，就是让人迷醉。

---

① 桃金娘属灌木，高可达 2 米。

格内拉里弗花园（the Generalife Gardens）

阿尔罕布拉宫并没有把所有珍宝都保存在建筑群内，而是放在了另一座花园里。在对面的小山上，大约步行 20 分钟的路程，就是格内拉里弗花园。这里曾经是埃米尔[1]（Emir）的私人避暑胜地，有一个较小的别墅式宫殿和花园，统治者可以去那里消暑休息。如果说阿尔罕布拉宫的主要遗址是统治者的城市宫殿，那么格内拉里弗花园就像是他们的乡村庄园，还有菜园和果园分布在山坡的台地上。格内拉里弗花园最初是在 13 世纪和 14 世纪修建的，但今天保存下来的大部分都是近些年来以各种风格重建的（偶尔也有向摩尔人致敬的设计和修复）。新花园（the New Gardens）是进入园林后映入眼帘的第一个场景，这里迷宫般排列的高大松柏树篱、玫瑰拱门和一年生花卉花坛，更能反映 20 世纪欧洲的园林理念。

新旧碰撞

鹅卵石镶嵌的小径穿过长长的小溪和喷涌的喷泉，到处可见飞溅的水花，随处可闻泪泪的水流声，沿着这里就可以通向格内拉里弗花园深处的庭院。宫殿只保留下一小部分，最初的花园位于我们现在看到的地下半米深左右，但最具魅力的长池庭院（the Court of the Long Pond）在一定程度上保留了原始之貌。它是一个封闭狭窄的花园，中心有一条狭长的水道，沿着一侧的柱廊可以看到整个山谷迷人的风景。在中央河道上方，强劲的水流喷起，形成一道水拱，河道两旁种植着玫瑰、薰衣草、小橘树和其他草木。这里将伊斯兰花园的

---

[1] 对某些伊斯兰教国家的统治者的尊称。

设计元素与西班牙天井风格结合起来：地面上铺着砖石和赤陶瓦块，一盆盆常青树和攀缘植物从墙上蔓延开来。

格内拉里弗花园里的绿植也很丰富。苏丹娜花园（Sultana's Garden），也被称为柏树庭院（the Court of the Cypress），是一座 19 世纪四面围墙的巴洛克式花园，园中有一条 U 形水渠，环绕着箱型花坛。水景随处可见，人们甚至说，格内拉里弗花园的美景中，最令人难忘的就是通向花园出口的水上阶梯（Water Staircase）。设计最为巧妙的是，它有三级台阶，在阶梯扶手上挖出很深的水渠，清澈的水就从这些水渠缓缓流下。

匠心之作

奈斯尔王朝
（The Nasrids）

阿罕布拉宫的历史漫长而混乱，几乎没有任何可靠的记录得以保留下来。广为人知的是，摩尔家族奈斯尔王朝在 13 世纪选择格拉纳达作为皇家居所。奈斯尔王朝的历任统治者都在不断修建新的宫殿和花园。

穿过一系列花圃中鲜花盛开的露台和荫凉的步道（两旁是高大的柏树和夹竹桃的拱门），游人仿佛回到了现代世界。阿尔罕布拉宫的规模适中，容易让人产生强烈的共鸣之感。这里创造了一种神奇的氛围，让人有时光倒流的错觉，仿佛回到建立这个崇高之地的摩尔王朝时代。

1. 阿尔罕布拉宫高耸在格拉纳达的岩石山脊上

2. 18 世纪引进的长池庭院的喷水装置

3. 水流顺着格内拉里弗花园的水上阶梯缓缓流下

松柏大道两侧的神话雕像和柏树，这条路也被称为柏树大道（Viale dei cypressi）

欧洲，意大利

波波里花园
(The Boboli Gardens)

地点：佛罗伦萨皮蒂广场
最佳观赏时间：4—6月，这是花园最美丽的时候，春花盛开，玫瑰芬芳
规模：45公顷

这是意大利文艺复兴时期非常重要的花园之一，拥有清晰的几何线条、精心修剪的树篱和生机勃勃的洞穴。波波里花园是一座活的博物馆，已经在佛罗伦萨市中心精心展出了几个世纪。

波波里花园坐落在皮蒂宫[①]（Pitti Palace）雄伟城墙后的山坡上，拥有佛罗伦萨最大的一片绿地。无论是现实外观还是设计意图，波波里花园最引人注目的特征都是它的宏伟壮丽。沿着从宫殿到海神喷泉的小路漫步，就是在追随欧洲历史上最强大、最无情的美第奇家族[②]（the Medici）的脚步。这个王朝的成员曾经是佛罗伦萨的实际统治者，而这座园林就是他们无可挑剔的私人花园。

为娱乐而种植

这座花园始建于1550年，也就是美第奇家族入住皮蒂宫后的一年。埃莉诺拉·德·托莱多（Eleonora de Toledo）——科西莫一世大公（Grand Duke Cosimo I）的妻子，委托美第奇家族的宫廷艺术家尼克洛·佩里科利（Niccolò Pericoli，又名特里波洛 Tribolo）设计他们的梦想之家。他的计划独具匠心，将花园作为宫殿的扩展，并从古罗马的古典花园中获取灵感，如台

伯河[③]（Tiber）上游山谷的小普林尼花园（Pliny the Younger's）。波波里花园按照几何图形布局，月桂树、常绿橡树和柏树等树木都呈对称种植，观赏性喷泉和大量稀有植物让人眼花缭乱。与中世纪传统的封闭、向内的花园不同，波波里花园是开阔的，可以遥望远处的风景。

特里波洛所创造的不仅仅是美第奇家族的辉煌宣言，也是文艺复兴本身特点的投射。他的设计激动人心，对欧洲其他皇家花园都产生了深刻影响，对凡尔赛宫的影响尤为明显（参见第12页）。在他死后，这个项目由其他人接手，后来的宫殿主人也相继扩建花园，并按照自己的喜好进行改造，增加了洞穴和雕像等。

1819

1819年，伟大的英国画家J.M.W. 特纳[④]（J. M. W. Turner）参观波波里花园并在小野岛（Isolotto）创作

---

① 皮蒂宫是佛罗伦萨宏伟的建筑之一，原为美第奇家族的住宅。
② 佛罗伦萨15世纪至18世纪中期在欧洲拥有强大势力的名门望族。
③ 台伯河，又称特韦雷河，是仅次于波河和阿迪杰河的意大利第三长河。
④ 当时被称为威廉·特纳，是英国浪漫主义画家、版画家和水彩画家。

了名为《海洋喷泉》（The Foun-tain of the Ocean）的绘画作品。这幅素描现在收藏于伦敦泰特不列颠美术馆（Tate Britain）。

壮观的舞台

宫廷娱乐是修建花园的核心目的，而没有什么比圆形剧场更有用的了。这个 U 形空间位于宫殿后方，是早期设计的部分之一，它的压轴节目一直延续至今。剧场巧妙地依托采石场挖空的遗迹而建，最初浓荫遮蔽，远远望去就像草地，于是也叫作"绿色剧场"。又过了几年，这里被改造成一个表演盛大剧目和开展庆祝活动的竞技场，配有石墙、雕像和种植树木的露台。1790 年，一座最初竖立在埃及阿斯旺，从罗马搬来的埃及方尖碑被放在剧场中心，增强了这里的戏剧效果。

不朽的装饰

当然，在波波里花园漫步总会有些东西引人注目，比如诱人的小路通向壮观的洞穴，这是 16 世纪意大利花园最时尚的装饰品。其中最著名的是藏在宫殿旁边的邦塔伦提洞穴（Grotta del Buontalenti）。其灵感来自幻想的主题，外形类似于一个有岩石、凹室和钟乳石的洞穴，表现出矫揉造作的风格——夸张、不实又华丽。从外立面看去，里面隐藏着用贝壳、玫瑰和

动物标本精心装饰的房间，房间里还有雕像，如弗拉芒（Flemish）雕塑家乔凡尼·达·波洛尼亚（Giovanni Da Bologna 或 Giambologna）的作品《维纳斯沐浴》（Venus Bathing）。

虽然邦塔伦提洞穴看起来具备观赏性，但事实上，起初设计它是出于实用性的考虑。它最初是一座水库，用一条管道输送泉水，来为波波里花园中奢华的喷泉供水。为了迎合古罗马风格，人们经常用管子把水从雕塑动物的嘴里喷出。一个典型的案例就是巴克斯喷泉（Bacchus Fountain）。科西莫一世的宫廷小丑皮埃特罗·巴比诺（Pietro Barbino）被塑造成罗马酒神的形象，坐在一只从嘴里喷水的乌龟上。

事实上，水景是任何文艺复兴时期花园都不可或缺的部分，波波里花园也有很多水景。园中最引人注目的景观是名叫"小野岛"的巨大护城河花园，其中心便是乔凡尼·达·波洛尼亚雕刻的俄刻阿诺斯（Oceanus）雕像。一条"松柏大道"（Viottolone）直通这里，那是一条壮观的松柏大道，两旁还排列着古典雕像。这条小路清爽阴凉，高大雄浑，完美地再现了美第奇家族走过这里时的辉煌气派。如今，这些美景可能不再是统治阶层的专属，但波波里花园仍然拥有一种独特的贵族优雅气息。

1. 邦塔伦提洞穴中精美的壁龛和雕塑

2. 佛罗伦萨大教堂（Duomo in Florence）的美景

3. 圆形剧场中心的方尖碑

大事记

1550 年
美第奇家族委托尼克洛·佩里科利（又名特里波洛）为他们的新住宅设计一个花园。工程开始后不久，特里波洛就去世了，这项任务由其他人接手。

1557 年
在科西莫一世的果园附近，一个大型水库破土动工。它被隐藏在一个宏伟的外立面下，后来演变为一个观赏性洞穴，由贝尔纳多·邦塔伦提主持设计。

1774 年
开始修建洛可可风格①（Rococo-style）的咖啡馆，这是继美第奇家族之后的哈布斯堡 – 洛林王朝（Hapsburg-Lorraine dynasty）第一次对波波里花园进行大规模扩建。这里也是宫廷人员散步时享用热巧克力的地方。

1790 年
埃及方尖碑被安置在圆形剧场里。它曾是献给拉美西斯二世（Ramesses Ⅱ）的礼物，公元 1 世纪被带到罗马，后来被转移到美第奇别墅。光是从罗马到佛罗伦萨就花了 4 个月时间。

---

① 洛可可风格起源于 18 世纪的法国，最初是因反对宫廷的繁文缛节艺术而兴起的。

北美洲，美国

敦巴顿橡树园
(Dumbarton Oaks)

地点：华盛顿特区西北 32 街 1703 号
最佳观赏时间：春季，早开的树上花朵盛开，堪称美丽奇观
规模：6 公顷

在敦巴顿橡树园，没有什么东西是偶然得来的。志趣相投的米尔德丽德·布利斯（Mildred Bliss）和比特丽克斯·法兰德[①]（Beatrix Farrand）在过去 30 年里，潜心设计了每一张长椅、每一处边界、每一株植物和每一个瓮塔。敦巴顿橡树园经常被誉为惊喜之作，事实上，它是精确规划和无限激情的最好见证。

当艺术收藏家米尔德丽德·布利斯和她的丈夫罗伯特（Robert）于 1920 年买下梦想中的乡间别墅时，他们最大的愿望就是要建造一座一流花园。一年后，米尔德丽德委托著名的风景园艺师比特丽克斯·法兰德帮助他们实现这一愿望。因为罗伯特在美国外交部工作，布利斯一家经常辗转于世界各地，因此米尔德丽德和比特丽克斯之间的很多交流都是通过书信进行的。两人的关系越来越亲密，她们自称为"园艺姐妹"，正是她们 30 多年来充满激情的规划，才使敦巴顿橡树园成为如此令人钦佩的壮举。

长存之理

1941 年，敦巴顿橡树园被赠予哈佛大学（Harvard University）用来建设一个研究所，但这对园艺姐妹仍在继续打造着这里的景观。比特丽克斯甚至写了一本书来帮助哈佛大学做好未来花园的维护工作，阐释园中设计背后的原因以及照顾这些植物的方法。

近一个世纪后，比特丽克斯和米尔德丽德的作品依然保存完好。在这座位于山顶的联邦风格（Federal-style）庄园后面，橘园是通往一系列主题花园和复杂台层的入口。那些离敦巴顿橡树园较近的花园比较正式，主要体现古典欧洲风格。越往下坡走，花园就越随意，越向更自然、更现代的美国风格过渡。每个独立区域都有多个入口，却能让人感觉封闭和私密，可以欣赏到独特的景色或特色。景观四处摆放了许多张长椅，它们的排列也并非巧合，而是匠心独运，有意为之。总之，你无须步履匆匆，这是一个值得细细品味的花园。

匠心之作

装饰物

放置在风景中的雕像和瓮塔都是先用黏土制成模胚，然后带到这里，经过米尔德丽德的检查，才能由工人手工刻在石头上。

---

① 优秀的景观设计师，也是美国景观设计师协会的创始人之一。

1. 瓮塔露台上优雅的瓮塔

2. 花坛里五颜六色的花朵

3. 穿过菜园（the Kitchen Gardens）的小径两旁有粉红色的李子树

相关推荐

尼曼斯花园 [1]
（Nymans）

欧洲，英国

从 19 世纪末到 20 世纪，梅塞尔家族（the Messel family）的三代人，尤其是女性，都在西萨塞克斯郡（West Sussex）尼曼斯花园的建造过程中发挥了举足轻重的作用。玫瑰园是它的一大亮点，由莫德·梅塞尔（Maud Messel）在 20 世纪 20 年代创建，种满了她的园艺界好友赠予的芳香植物。

---

[1] 尼曼斯花园是英国非常著名的私人花园之一，有许多植物。

合理空间

生物亲和性的概念提出，人类天生就有与自然世界联系的需求，这并不足为奇，因为置身自然会大大提高我们的幸福感。这或许是因为做园艺时触摸土壤的感觉会让我们心神专注，也或许是在每天散步时见证季节的变化能让我们精神焕发。大多数花园在设计时的目的都是放松，但当你对凡尔赛宫的奢华感到敬畏时，第一反应往往不是设计师理想中的平静。不过，从另一个角度看，用心建造的花园在每一个细微之处都能抚慰你的心灵和精神。

巧妙沉思

园林当然是一个值得好好沉思的地方。查尔斯·詹克斯（Charles Jencks）用他的园林来研究宇宙的科学理论，其他人则是精心打造私人港湾，以激发在艺术或音乐创作方面的灵感。在更深的层面上，花园可以唤醒灵性，无论是服务于宗教祈祷的宁静空间，还是继承当地传统的广阔园艺景观，都能激起共鸣之感。

如果说有哪种花园对沉思空间的创造产生深刻影响，那一定是日式花园。虽然风格并不完全一致（因为每一种风格背后都有无数种组成元素），但日式花园通常都因其禅意精神和哲学思想而受到珍视。日式花园的象征意义浓厚：水景大多温柔纯净，植物的摆放也颇为讲究，蜿蜒小径亦有助于宁静心神。西方园艺师在很多方面都从日本风格中寻找灵感，但这并不代表他们总是模仿，相反，西方园艺师是在探索融汇这种内敛景观的道路。

创造幸福

创建花园的过程本身就可以像参观花园一样发人深省、予人平静。也许没有什么事情是比专注于重建一个空间、决定种植哪种颜色的植物更令人觉得欣慰的了。温迪·怀特利（Wendy Whiteley）在悲痛的时候发现，有事情可做会给自己带来安慰，埃尔茜·里福德（Elsie Reford）在经历手术后不得不放弃原来的职业生涯转而寻找新的爱好时也是如此。改变世界的行为可以带给我们生活的方向，并教会我们学会忍耐，静待花开。

园林为我们提供了创造和沉思的空间。无论是参观现有的美好园林还是自己建造一个，都没有什么比拥抱大自然更美好的事情了。

六义园
日本

布洛德尔保护区
美国

利马互利花园和自然保护区
美国

龙安寺
日本

桂离宫
日本

吉维尼莫奈花园
法国

巴哈伊空中花园
以色列

苏格兰宇宙思考花园
英国

温迪的秘密花园
澳大利亚

莫尔泰拉花园
意大利

天堂花园
加拿大

思索之苑
韩国

亚洲，日本

六义园
(Rikugien)

地点：东京都文京区本驹込6丁目16—3
最佳观赏时间：季节性亮点包括观赏樱花（3月下旬）、杜鹃花
（4月中旬至5月初、5月下旬至6月初）和秋叶美景（11月中旬至12月初）
规模：10公顷

　　这座优雅的花园隐藏在东京熙熙攘攘的街道之间，文学典故是它的主要设计灵感。六义园以一系列赏心悦目的象征性景观为特色，再现了日本古典诗歌中庆祝季节的短暂之美。

这个宁静花园的最大亮点是一片开阔的草坪，周围环绕一个波光粼粼的湖泊。走过草坪，一条幽静的小路通向悬垂树林，影影绰绰中，亮晶晶的深绿色叶片创造出山林悠远的错觉。再往前走，一片落叶林地旖旎铺展，阳光透过树叶的缝隙，照在沙沙作响的竹子上。六义园是一座精致的日本"漫步花园"（kaiyū-shiki），蜿蜒的小径总是展现出令人意想不到的景色，让人惊喜连连。

在江户时代①（the Edo Period，1603—1868），漫步花园的设计从许多方面得到突破，变得更加灵动，在贵族阶层中很受欢迎。这些令人心旷神怡的地方致力于再现文学作品中的著名风景或经典场景，六义园也不例外。17世纪建造六义园的武士贵族柳沢吉保（Yoshiyasu Yanagisawa）对日本诗歌有着深厚的热爱，这座花园里也重现了著名和歌②（waka）中的风景。六义园的多样性不仅来自不断变化的风景，也来自季节的循环。壮观的杜鹃花簇在温暖的春天里开放，日本枫树在11月下旬熠熠生辉，只不过，它们金黄色的花期很短，只留下昙花一现的美丽。到了深冬，轻纱似的薄雾笼罩在湖面上。一年四季，六义园的风景不断变化，为游人提供了沉思的机会和捕捉美好的宝贵时刻。

对家庭园艺的启发

隐秘之处

　　日本园林善于运用局部隐秘的艺术来激发游人的好奇心，刺激他们发挥出想象力。在你的花园里，也可以考虑把瀑布和石灯笼等景观隐藏在树叶后面，以制造惊喜。

---

① 日本历史上武家封建时代的最后一个时期，统治者为三河德川氏。
② 日本古典格律歌的总称。

1. 环游中心湖

2. 秋夜的灯光
与六义园的红色
风景相得益彰

相关推荐

考兰日式花园
(Cowra Japanese
Garden)

大洋洲，澳大利亚

在新南威尔士州的开阔天
空下，这座日式漫步花园，
拥有巨大的池塘和广阔的
视野，令人心旷神怡。澳
大利亚本地植物与传统日
本园林植物在此完美地融
合在一起。

安德森日式花园
(Anderson Japanese
Gardens)

北美洲，美国

园林设计师栗栖芳一 [①]
(Hōichi Kurisu) 在芝加
哥附近重新诠释了日式漫
步花园的概念，突出北美
森林和湖泊景观的宁静之
感，同时展现了四季的变
幻节奏。

① 日本以外极具影响力的日本园林
设计师之一，凭借近半个世纪的大量
项目经验，以最高的真实性、质量和
完整性建立了在花园领域的声誉。

北美洲，美国

布洛德尔保护区
（Bloedel Reserve）

地点：华盛顿班布里奇岛东北海豚路 7571 号
最佳观赏时间：11 月至次年 1 月，正值冬季开花期
规模：60 公顷

在普吉特海湾（Puget Sound）波光粼粼的水域衬托下，布洛德尔保护区是一个与大自然实现完美平衡的花园缩影。布洛德尔会随着季节变化而展现多种风情，但它的视角是，展示大自然是如何更迭往复的。

从西雅图（Seattle）市中心乘渡轮出发，只需航行一小段距离，就能到达班布里奇岛。布洛德尔自然保护区就坐落在岛上，这是一个令人惊叹的集自然林地、开阔草地和精心修剪的景观花园于一身的综合体。这是一个伊甸园般的天堂，一个绿色的度假胜地。这里有宁静的小径和广阔的远景，大片的沼泽和森林是大量鸟类和野生动物的栖息地。空气中弥漫着清新的泥土气息，还有一丝海风的清洌和腥咸。这是一种迷人的多感官体验——一种对大自然的研究，综合了活跃的色彩、独特的纹理、大胆的形状和一系列气味。

领先于时代

"大自然可以没有人类，但人类不能没有大自然。"这是保护区创始人普伦蒂斯·布洛德尔（Prentice Bloedel）的信念。布洛德尔走在了时代前沿，创造出这个距离城市仅一步之遥的天然隐居之地。他对大自然的治愈力有着深刻理解，对其大力推崇，还为关于自然环境对心理疗愈的早期研究提供了资金。他和妻子弗吉尼亚（Virginia）将 1951 年购买的大片林地改造成兼具治疗花园、舒适水池和翠绿草坪的综合场所。夫妻二人的目的是用西方的表达方式来展现日式花园的微妙、宁静和简朴。直到今天，这个保护区仍吸引着来自世界各地的游客，来到这里寻求平静和慰藉。

植物之美

大约 3 千米长的松软小径引导游人穿过保护区及 23 个独特景观。这条步道始于一片观赏草坪，带领游人经过巴克斯顿鸟类沼泽（Buxton Bird Marsh）和草场（Meadow），那里栖息着筑巢的鸟类和蜻蜓。

春天，50 种本地野花和种植在邻近草地上的 5 万株球茎花卉竞相开放，吸引了无数授粉者和其他昆虫。再往前走就是迷人的森林区域，一条木栈道蜿蜒穿过湿地，这里是青蛙、食肉植物和其他水生动植物的家园。布洛德尔故居是按照 18 世纪的法

布洛德尔保护区屡获殊荣的日式花园中的枯山水园

合理空间　75

国传统设计的，这座建筑之外便是日式花园，也是美国最大的公共苔藓（moss）花园，天鹅绒般的地毯上长有40多种苔藓和地衣（lichen）。

1970

1970年，布洛德尔夫妇担心自己的遗产会在他们死后发生严重改变甚至遭到毁坏，于是将布洛德尔保护区捐赠给了华盛顿大学（University of Washington）。他们信任这所大学，因为它在园艺和林业方面都享有盛誉。

这座精致的日式花园曾两次被《日本园艺杂志》（The Journal of Japanese Gardening）评为美国十佳日式花园之一。从日式宾馆向花园望去，就不难看出原因。这是一个适合静心冥想的地方。亚洲松树装点着这里，包括日本黑松、日本白松和日本赤松，它们都是按照传统的日本风格修剪的。枯山水园描绘了被大海包围的岛屿，唤起一种和平与宁静的感觉。

颜色和纹理

普伦蒂斯·布洛德尔是色盲，比起色彩鲜艳的花朵，他对纹理和深浅不一的绿色更感兴趣，但这并没有影响他在保护区内种植大片绚烂花朵的热情。鲜花草场和林地花园中的花卉最丰富，那里有大片的美洲赤莲（trout lily/Erythronium）和烛台报春花（candelabra primroses）（这是弗吉尼亚·布洛德尔非常喜欢的花），每年春天都竞相开放。在杜鹃花谷及山茶花和兰花小径上，也会盛开灿烂的花朵。在这里，顽强的仙客来在夏末秋初开出白色或粉色的花朵，耐寒的菟葵（hellebores）在冬季盛开，夺人眼球的琉璃草（navelwort）在春天的小路上排成一行。

无论什么季节，布洛德尔保护区的自然美景都会让你着迷。不要纠结于保护区的规模太大，你只需轻松地信步游览，沿途有许多长凳可供休息。你应该从繁忙的日程中抽出时间来给自己放松和充电，在这里，你会感激大自然的温暖怀抱。

1. 桦树小径（Birch Trail）上从灌木中拔地而起的白桦树

2. 游客漫步在盛开的杜鹃花谷

3. 从布洛德尔夫妇故居俯瞰主湖

4. 日式宾馆的栈道

利马互利花园和自然保护区
（Limahuli Garden and Preserve）

地点：夏威夷（Hawaii）考爱岛（Kaua'i）哈埃纳市（Ha'ena）库希欧公路（Kuhio Hwy）5-8291 号

最佳观赏时间：夏威夷岛在 3 月至 9 月气温温暖，降雨量较少，适合游览；最好清晨前往，避开人群，安静地欣赏花园

规模：花园为 6.9 公顷；保护区为 399 公顷

利马互利花园和自然保护区位于世界上生物多样性丰富的环境之一，它展示了夏威夷第一批居民遇到的自然景观、引入的植物群，以及他们的可持续种植实践经验。

沿着紧靠悬崖的库希欧高速公路一直走到尽头，你就会到达利马互利花园和自然保护区的入口，它就坐落在一座叫作马卡拉（Makana）的高山山脊底部。雨后的清晨，地面鲜嫩的绿叶上还挂着露珠，在阳光下闪烁着红色、橙色和黄色的光芒。花园小径的起点处有一块小木牌，这是一条铺好的人行步道，向上穿过郁郁葱葱的植被，然后再下降，形成一个 1 千米的环路。

这条路的起点处有几个建在山谷斜坡上的露台，上面长满了喜水乔木。修建露台的棕色岩石上覆盖着地衣，是几千年前由夏威夷的第一批定居者在这里铺设的。从波利尼西亚（Polynesia）乘独木舟穿越浩瀚的太平洋（Pacific Ocean），这些技艺娴熟的海员为这里带来了椰子、香蕉和甘蔗等植物。这些植物有一个恰如其分的名字，叫作"独木舟植物"（canoe plants），生长在利马互利花园的入口处，可以维持定居者在考爱岛上的新生活，随后散布到夏威夷群岛的其他地方。

新来者

这不仅是早期定居者带来的少量幼苗，也是他们对新土地的崇高敬意——利马互利花园希望通过生物文化保护来重塑这种尊重。这种保护植物物种的方法修复了自然和人类之间的关系，也鼓励游人在花园中走的每一步都留心观察这些植物的文化和历史意义。

250

这个数字是利马互利花园和自然保护区内夏威夷本土植物和鸟类的数量，其中有许多都是稀有或濒临灭绝的品种。

穿过几条木栈道，小路继续向上延伸到花园的第二部分，这里展示了过去两个世纪内引入夏威夷群岛的植物种类。来自亚洲的种植园工人和欧洲传教士带来了各种各样的植物，其中许多种类观赏性强，又因

游人在利马互利花园中徜徉

相关推荐

马德拉植物园
（ Madeira Botanical
Garden ）
欧洲，葡萄牙

当地植物在这里得到了保
护，其中有许多在野外都
是稀有或灭绝品种。

第一民族花园
（ First Nations Garden ）
北美洲，加拿大

这座蒙特利尔花园种满了
对魁北克（Quebec）及其
第一民族和因纽特人具有
文化意义的植物。

茂密植被丛中的小路

1. 岩石表面生长的地衣和苔藓

2. 面包果①（Artocarpus altilis），南太平洋和其他热带地区的主要食品

迷人的香味或美丽的外观而闻名。在这里，天堂鸟（bird of paradise）的霓虹橙色尖刺从杧果和木瓜树的枝干后面伸出来，与蝎尾蕉、兰花和菠萝争夺生存空间。这几种植物都曾经是夏威夷农作物产业的支柱，其中许多品种虽然不是本地物种，但却成了夏威夷的标志。

培育本土植物

　　建立利马互利花园和自然保护区不仅是为了维护引进的植物，也是为了扶持当地特有的物种。然而，这并不是一项简单的任务。尽管考爱岛植被茂盛，但岛上的大多数绿色植物都不是本地的，因为许多本地物种已经灭绝或正在面临灭绝。沿着小路继续走，下一站是原生森林步

道（Native Forest Walk），它再现了原生物种所在的真实森林面貌，反映出几个世纪前，夏威夷的第一批居民是如何发现它们的。

　　长有褐色豆荚的密花相思树（Acacia koa trees）和有着长长根系的哈拉树（hala trees）都是这片森林中的一部分。在这片广阔的空间里，各种各样的植物在柔和的阳光照射下苗壮成长，但是许多树木的标牌上都写着"濒危""灭绝"或"夏威夷名字不详"等字样，说明岛上的本土物种已经所剩无几。这里的大多数物种都不是开花植物，除少数例外，比如夏威夷州的州花黄木槿（yellow Hibiscus brackenridgei），以及夏威夷非常受欢迎的树之一——多型铁心木（Metrosideros polymorpha，夏威夷

① 面包树的果实。面包树是喜温的热带树种，耐高温干旱，因此在非洲大陆大量生长。果实风味类似面包，因此而得名。

名称为 'ōhi'a lehua）。

利马互利河流过花园，灌溉着土地

最受欢迎的树

多型铁心木是夏威夷特有的树种，以其红色花朵为显著特点，被古代夏威夷人用于许多用途。甚至每年4月25日，夏威夷还要举行专门的节日活动来庆祝拥有和保护这种特殊的树。

反思与启迪

在通往游客中心的小路上，最后一站是一个卓有成效的微型花园，展示了考爱岛的居民如何在自家后院恢复自然景观的平衡。毫无疑问，利马互利花园和自然保护区会让你对考爱岛的美丽和各种植物产生敬畏之情，不管它们是不是本土物种，都值得被珍惜。通过回顾过去，这座花园也唤起了人们对地球生态未来发展方向的反思和共同的责任感。

亚洲，日本

龙安寺
（Ryōan-ji）

地点：京都市右京区龙安寺御陵下町 13 号
最佳观赏时间：四季皆宜，不过樱花花期是从 3 月底到 4 月初
规模：0.02 公顷

龙安寺是一座位于日本古都京都的禅宗寺庙。在这个封闭的小花园里，石头和砾石取代了植物，占据了景观舞台的中心。这无疑是对所有关于花园定义先入之见的一种挑战。

提到建于 15 世纪中叶的龙安寺，就要提到它标志性的枯山水园。龙安寺枯山水园位于住持大堂南侧，由 15 块精心挑选的石头组成，大致分为五组，镶嵌在铺平的砾石中。大自然的装点被剥离殆尽，只剩下光秃秃的石头。事实上，这不是一个能让人立刻产生宏伟或崇高之感的花园。乍看之下，这个长方形的花园由三面斑驳开裂的墙体包围，看起来有些难以置信的简朴。同样，住持大堂也可能会让你觉得又拥挤又嘈杂，因为在修建之时，设计者从未考虑它要同时容纳这么多游客。但是，不要急，当人群散去时，你会得到一段属于自己的安静时间。

在此刻

从风格上讲，龙安寺属于日本传统的"枯山水园"，其中砾石就代表如河流或海洋的水系。"枯山水园"并不意味着这样的花园是枯燥乏味的。郁郁葱葱的苔藓、树木和常绿灌木通常用来表现青翠的海岸线。龙安寺的极简设计激发了许多诠释，有人说它象征着宇宙的和谐，也可能它的石头代表一只老虎衔着幼崽过河，这是佛陀慈悲形象的化身。尽管如此，这一切都没有确定的答案，因为龙安寺的历史一直语焉不详。谁建造了这座花园，在何时或为何建造，现在都不得而知。

当然，龙安寺让我们产生一种想要"理解"周围环境的欲望，但佛陀教导我们，把思想误认为现实本身是危险的行为。停止对其理由的探究，敞开心扉去感受花园会让你得到解脱——静静体会光线的质感、空间的布局、石头的坚硬和墙边树木投下的阴影，这样即已足够。沉浸在这一刻，沉浸在这个花园的形状、声音和纹理当中，品味它微妙的设计感和艺术的复杂性，这就是此刻要做的事情。

1. 寺庙周围郁郁葱葱的绿植

2. 寺院庭院中的镜池（Kyōyōchi Pond）

3. 砾石象征平静的海洋，石头代表遥远的岛屿

相关推荐

马尔灿公园 [1]
（Yu-sui-en Japanese Garden, Erholungspark Marzahn）

欧洲，德国

这座枯山水园林是由当代日本园林设计师枡野俊明 [2]（Shunmyō Masuno）于 2003 年在柏林修建的。作为一名禅僧，枡野俊明认为设计园林也是他禁欲精神苦修的一部分，是一种态度的表达。

---

[1] 柏林最大的休闲公园。
[2] 日本国宝级枯山水大师，他是日本当代景观设计界杰出的设计师之一，也是日本禅僧大师和日本古刹建功寺第十八代主持。

桂离宫
(Katsura Rikyu Imperial Villa)

地点：京都西京区桂御园
最佳观赏时间：4 月下旬至 5 月上旬，正值杜鹃花盛放的花期
规模：6 公顷

17 世纪由皇室王子修建的桂离宫是一处优雅的风景园林，质朴的茶室点缀在森林中，葱郁树木环绕着一个中央湖泊。桂离宫巧妙地将茶园的亲和之感与周围的广袤景色融为一体。

桂离宫是当代日本文化环境的产物，它的主人皇太子八条宫智仁亲王（Hachijō-no-miya Toshihito）（1579—1629）将其建造为乡间别墅。园中有湖泊、山丘、亭台楼阁和桥梁，旨在为王子和贵客提供优美的休闲环境，让他们在享受茶道之前，沿着小路游览或乘船到湖面上散心。后来，智仁亲王的儿子八条宫智忠亲王（Hachijj-no-miya Toshitada）（1619—1662）在他父亲的精湛成就基础上，又对花园进行了扩建。

修改变化

智忠亲王继承了父亲对简洁和优美线条的喜好。他扩建了花园，把湖泊向南延伸，湖边增加了多样的变化，创造出新的景观。毫无疑问，桂离宫的亮点在于，它用蜿蜒的路径和铺路石构建了虚实掩映的景观，牵引着游人在行走中的视线，从而形成一系列布局巧妙的远景。例如，沿着小路行走，一开始只能看见眼前的一盏石灯，信步穿过水面，到达中远处的一座拱桥后，此刻

再向远处望去，可能会瞥见茶室或优雅的别墅建筑。这种透视效果的运用为花园营造一种与其实际大小不相符的开阔感。

对家庭园艺的启发

石景

当你第一次在花园里布置石灯或石盆时，可以在它们的底座周围种上几棵蕨类植物或常绿多年生植物，比如阔叶土麦冬（*Liriope muscari*），可以让这些石景看起来与周围景物浑然天成，成为整体造型的一部分。

茶道

茶室是桂离宫壮丽景观的重要组成部分。从智仁亲王的茶室可以看到花园的美妙景色，于是他的儿子也从小就对露地风格[①]（roji-style）的茶园产生了浓厚兴趣。这种风格在 16 世纪后期随着侘风格（Wabi-style）茶道的发展而出现，其目的是将仪式

从智忠亲王的露地花园小径眺望松琴（Shōkintei）茶室

---
① 指日本茶室的庭院或通往茶室的甬道。

精练到其关键元素——为客人敬一碗茶。

佗风格茶会通常在封闭的质朴茶室举行，模仿隐士森林隐居的理想形象。通往这些茶室的露地花园被设计成林地造型，从中穿行的过程代表寻找苦行僧简陋小屋的意愿。正如佗风格茶道强调当下感受，高级露地风格的茶园为雅致仪式做好精心准备，带领客人涤净身心，远离喧嚣生活。

露地花园无须很大，其宗旨在于帮助人们将注意力集中于当下。沿着铺路石缓步行走需要保持冷静专注。在仪式前，游人还要蹲在一个小石盆旁洗净双手，这个仪式也增添了品茶艺术的高雅之感。智忠亲王选择的铺路石和石盆，以及它们的布局，都体现了这种优雅的原则。

广阔的视野

尽管如此，智忠亲王生活在一个充满创造力的时代，他的茶园并不严格符合现代露地花园的惯例。从小憩凉亭开始，通往佗风格茶室的小径沿着湖滨蜿蜒布局，游人穿行其中可以欣赏到美好的景色。这些风景分散了游人的注意力，但王子专注于自己对美的追求。智忠亲王的父亲为了重现他最喜欢的风景"天桥立"①（Ama no hashidate）而在此处创造了岛屿与低矮石桥相连的景色。"天桥立"横跨在日本海岸的一处海湾，覆盖着广袤的松林。这个茶园的象征意味是日本小型化艺术的极好范例，园中的湖泊正代表大海。智忠亲王并没有将其视作随手一景，而是将这一景观作为露地茶园的亮点。

静谧的快乐

沿着露地小路行走，穿过质朴的凉亭、景致的石灯和石盆，就像把现代世界抛在了身后。虽然现在走马观花式的匆忙之旅几乎没有时间让人安静地沉思，但是，如果能专注于每一个瞬间，就能欣赏桂离宫花园的精巧美丽和静心之效。

---

① 日本三景之一，静卧于海天之际的天桥立，若弯腰倒观，则好似一条缓缓升天的长龙，象征着好运高升，因此有"昇龙观"之称，也像是架在空中的天桥或是连接天地的梯子，这也是地名"天桥立"的由来。

1. 从月波亭茶室眺望湖面

2. 从拱桥通往主别墅的拼砌石路

相关推荐

修学院离宫
（ Shugakuin Rikyu Imperial Villa）

亚洲，日本

17 世纪 50 年代，后水尾天皇（Go-mizuno'o）修建了自己的度假胜地，包括一系列沿着京都郊区山坡建造的私密景观花园。在花园的最高处，湖泊全景、乡村稻田和整个京都都一览无余。

欧洲，法国

吉维尼莫奈花园
（Monet's Gardens at Giverny）

地点：诺曼底，吉维尼小镇，克劳德·莫奈街 84 号
最佳观赏时间：在整个开放季节（4 月 1 日至 11 月 1 日）都适合游览，但如果想要避开
大规模人流，请选择 4 月或 10 月，游玩当天最好早些到达
规模：3.5 公顷

克劳德·莫奈（Monet）认为吉维尼花园是他最伟大的艺术作品，这个精心布局的人间天堂也是他最持久的灵感来源。如今，这座花园完美地反映出这位艺术家对花卉和自然的热爱，以及他毕生对色彩、图案和光线的痴迷。

吉维尼的特别之处在于，这里到处都是多年来居住在此的莫奈的印迹。1883年，莫奈与家人搬到吉维尼，毫无疑问，莫奈正是被这里的田园魅力吸引——吉维尼花开遍地、田野起伏，四处都是美丽的果园和杨树，闪动一派耀眼的光芒。许多印象派艺术家都在塞纳河谷的乡村找到了作品的灵感，尤其是莫奈，他在吉维尼的新环境中创作了数百幅标志性的光影画作。

当然，吉维尼对莫奈的作品产生了巨大的影响，就像是一块变化无穷的植物画布，一直滋养着他的创造力。吉维尼小镇本身也是一件令人眼花缭乱的园艺珍品。你可能有机会去欣赏莫奈的三维画作，但这些花园本身就散发着令人着迷的气质，让你沉浸在它们变幻莫测的情绪中：有时色彩缤纷、香气四溢，有时又静默冷峻、平和沉思，总是引人遐想。

诺曼底园（Clos Normand）

作为莫奈故居的两个花园之一，诺曼底园就像一个变幻莫测的花卉万花筒。春天，这里有大量球茎植物盛开，如水仙、黄水仙、皇冠花和郁金香从紫色的勿忘我和三色堇的花丛中冒出头来，与一堆堆欢快的小花草相映成趣。

对家庭园艺的启发

莫奈花箱

在你的花园里种植糖果粉色的郁金香，并在上面种植一层勿忘我，为花园增添吉维尼的法式乡村魅力。这种风格适合用花箱种植，你可以尝试使用撞色的郁金香，以获得更大胆的效果。

莫奈最喜欢的诺曼底园，拱门上装饰着鲜艳的花卉植物

1. 莫奈故居的粉色和绿色色调

2. 鲜艳的花卉排列在从诺曼底园到蒙特利尔的小路上

3. 从厚厚的下层植物中探出的剑兰

在五月的短短几周，鸢尾花大放异彩，那时的莫奈花园变成了紫色和金色的绚丽海洋。到了夏天，玫瑰花和牡丹一起盛放，空气中弥漫着醉人的芳香。夏末，大丽花、蜀葵和向日葵的炫目之姿将整个花园的惊艳值推向顶峰。它们一直开到秋天，直到一簇簇米迦勒雏菊（*Michaelmas daisies*）竞相盛开，映衬着秋叶的金色光芒。

诺曼底园反映了莫奈对色彩和自然最旺盛的热情。他不断在园中增添新的植物，永远在尝试新的配色方案。莫奈的画主要由原色涂抹组成，他的花圃同样充满活力。他选择的色彩大多很纯粹，很少在色调上淡化。莫奈将蓝色与红色、黄色与紫色的花卉混在一起，面向西方种植暖色的植物，以增强它们在夕阳照耀下的反光。他将蓝色的有髯鸢尾种植在半阴影中，使其散发出宝石般的光辉。

粉色小屋

莫奈的房屋俯瞰着诺曼底园，是一座漂亮的粉红色农舍。这里以前是一个酿造苹果酒的农场，后来莫奈逐渐用开花的日本樱树和杏树取代了古老的苹果树。他还把百叶窗漆成绿色，以映衬自然环境。整个花园中，长椅、花架和桥梁都采用相同的颜色，这是将花园巧妙连接在一起的色彩主题。

为了进一步加强这种联系，莫奈在房屋的墙壁上种了一棵爬山虎，并在阳台上种了攀缘玫瑰。同时，附近的花圃里点缀着美丽的垂头玫瑰和玫瑰拱门。他打造出一个粉色和绿色的和谐园景，花园巧妙地呼应了房屋的颜色，而房屋与花园的美丽也愈发相得益彰。

1896

1896 年，莫奈开始创作著名的《睡莲》。从此时开始直到他去世的 30 年间，他一直痴迷于捕捉他所谓的"水的风景"，至少创作了 250 幅关于这个主题的画作。

水园（Water Garden）

莫奈钟爱的水园无疑是吉维尼花园的标志性景致。花园中现在的标志性部分最初是莫奈灵光一闪的产物，但创造水园的过程让他激动不已。1893 年，搬到吉维尼 10 年后，莫奈在自己房屋的马路对面买了一块沼泽地。他计划将附近的河流改道，修建一个漂浮着水生植物的水上花园。慢慢地，他将梦想变成了现实。

需要证明的一点

起初，一些当地人对莫奈的计划持谨慎态度，他们担心水园会种满污染性植物。愤愤不平的莫奈给地方长官写了一封信，坚持表示这只是一处休闲之所，可以为绘画提供主题灵感。对莫奈来说，污染水源是不可能的。

在接下来的几年里，莫奈挖出一个池塘，在池塘边修建了蜿蜒的小路，在上面架起桥梁，种上枫树、喜水的鸢尾花、竹子、牡丹和紫藤。与开放、明媚的诺曼底园相比，阴凉的水园显得宁静而柔和。要到达水园，游人必须穿过一条小隧道，仿佛进入了另一片天地。在那里，垂柳曼妙地站在水边，百合花的倒影在玻璃般的水面上摇曳跳动。水园的每一处转弯都带来一种新的景色，让人想起莫奈的一幅印象派作品，当然包括那座横跨水面的著名景观——日本桥。

莫奈对植物的选择在很大程度上受到日本艺术的启发。许多品种都来自日本，大多是作为礼物赠送给他的，比如松方公主（Princess Matsukata）和她的收藏家丈夫幸次郎（Kōjirō）赠送的牡丹和百合。莫奈的种植技术也受到了日本美学的影响，尤其是对传统视角的排斥和对装饰的重视。在水园和受其启发的绘画中，水影、陆地和天空融合在一起，被一束包罗万象的光笼罩着。就像日本的漫步花园一样，水园的小径和桥梁也会让你情不自禁地放慢脚步，享受此刻。

莫奈渴望捕捉所谓的"瞬间"，即一瞬间的定格。光影的瞬息变换，色彩和反射的细微差别，这一切都使他着迷。他每天都会绕着花园走三四圈，心中充满对自然之美的敬畏。有时，为了完全沉浸于风景当中，他甚至会在船上作画。你可能无法在水上与他同游，但是，当你站在众多桥梁中的一座上欣赏风景时，一定可以感受到这里的隽秀风景对这位艺术家的某种魔力，至少你也会像莫奈一样，在花园里流连忘返。

1. 水园的一座桥上覆盖着紫藤

2. 漂浮在水面上的睡莲

大事记

1883 年
莫奈和他的家人搬到吉维尼定居。

1893 年
莫奈在马路对面买了一块地，开始修建水园。

1926 年
86 岁的莫奈在吉维尼去世。他的儿子米歇尔（Michel）继承了庄园，但他并未住在那里。莫奈的继女布兰奇（Blanche）一直照看着这座花园，直到 1947 年布兰奇去世之后，莫奈花园才走向落寞。

1977 年
在拉尔德·范德·肯普（Gérald van der Kemp）的主持下，吉维尼的莫奈故居和花园经历了大规模的修复。

1980 年
吉维尼莫奈花园正式修缮完工，同年 9 月面向公众开放。

巴哈伊空中花园
（The Baha'í Gardens）

地点：海法，诺夫街61号
最佳观赏时间：全年皆可，但春秋两季最为舒适
规模：20公顷

巴哈伊空中花园是一件艺术珍品，也是为了彰显巴哈伊信仰而建造的宁静绿洲。这座阶梯花园每年都吸引100万游客来访，其中包括许多巴哈伊朝圣者，还有众多被其奇特地域风格吸引的游人。

巴哈伊空中花园依山而建，背靠卡梅尔山[①]（Mount Carmel）向下延伸，将传统波斯花园的规则和对称风格与当地植物和西方设计融为一体。花园具有普世的情感和精神价值，通过自然之美刺激感官，给人以宁静和虔诚之感，穿过花园便能到达巴哈伊信仰总部。

精神价值

巴哈伊空中花园是一个宗教圣地，参观时需要穿着端庄，保持沉默。除非有导游陪同参观，否则游人只可参观上层露台。即便如此，这里宁静和庄重的氛围和低处地中海的迷人景色，都会使游人陷入沉思。

中央楼梯共有19层露台，每层露台都设计成新古典欧洲风格。第10层露台是金色半球形穹顶的神殿，里面是巴布（Bab）的陵寝，他是巴哈伊信仰的核心人物之一。巴布预言了一个"上帝将要显圣之人"（Promised One）的到来，这个人将创立一个新的普世宗教。其他18层露台分别象征着他的18个门徒。

保持平衡

中央阶梯由大约1500级台阶组成，衬有石栏杆和修剪整齐的柏树丛、整洁鲜嫩的草坪，以及精心设计的圆形和星形规则花坛。花园雇用了许多辛勤的园丁，他们悉心地培育和打理园中的植物。巴哈伊空中花园种植有近500种植物，其中大部分原产于地中海东部。经过精心挑选，保留的植物品种最大限度地减少了浇水的需求，时令花卉为绿色的草地和树林增添了鲜艳的色彩。与伊斯兰风格一样，这里的景观也强调光影和水景的协调，华丽的喷泉、水渠和池塘都是花园的突出特色。

东西方园林设计的交织并非偶然。在这座花园里，多种风格的混合使用是设计师有意为之，这也说明了巴哈伊信仰的普世意图。

---

① 有"上帝之山"的盛名。

1. 紫色的百子莲盛开

2. 巴哈伊空中花园的阶梯沿着山坡向大海倾泻而下

3. 从最高处的露台俯瞰海法市景和整个海岸线

相关推荐

菲恩花园
（Bagh-e Fin）
亚洲，伊朗

卡尚（Kashan）的菲恩花园是一处赏心悦目的园林，园中拥有丰富的古树和由天然泉水供给的水池和喷泉，所有这些都是按照波斯园林设计中经典的规则风格和对称方式布局的。菲恩花园于1590年完工，是伊朗现存最古老的花园，对巴哈伊空中花园的设计也有很大的影响。

欧洲，英国

苏格兰宇宙思考花园
（ The Garden of Cosmic Speculation ）

1. 绿色景观掩映下的DNA造型雕塑
2. 美丽的土地被勾勒出蛇丘和蜗牛丘

地点：苏格兰邓弗里斯霍利伍德波尔特克庄园

最佳观赏时间：作为苏格兰花园计划[①]（Scotland's Gardens Scheme）的一部分，每年5月开放

规模：12公顷

基于花园富有象征意义的概念，充满想象力的宇宙思考花园成了一个人人颂扬和描绘科学理论的愿景。于这片田园美景中迸发的各式雕塑和地貌无疑会让那些有幸来此参观的游人打开心扉。

苏格兰西南部是一片起伏平缓的丘陵和树木繁茂的山谷，在这里，时间似乎流逝得格外缓慢。但在小村庄霍利伍德附近，田园风光中突现了一片颠覆性的建筑群——这是一个以科学和数学为灵感的超现实主义花园，奇怪的地形、蜿蜒的湖泊和盘旋的桥梁相映成趣，再一同沉入无尽的土地。宇宙思考花园不仅外观奇特，而且每年只开放一次，因此到这里参观的感受与其独特的景观一样，都让人觉得非同凡响。

有意义的隐喻

建造一个如此独特的花园需要极强的好奇心、极大的想象力和智慧——水上阶梯沿着陡峭的山坡翻涌而下，露台层层叠叠，似乎被一种隐秘之力吸到了地下。这正是建筑师查尔斯·詹克斯和园林设计师玛吉·凯瑟克（Maggie Keswick）在开始建造这座庄园时迸发的灵感。1988年，这对夫妇打算把凯瑟克家族庄园的一片沼泽改造成孩子们的游泳池。然而，随着泥土被挖掘出来，土堆越来越大，詹克斯从中看到了更多可能性，并开始勾勒一种新型建筑地貌。恰逢这段时间里，詹克斯对宇宙新发现的兴趣迅速增长，对他来说，这座花园就是宇宙的缩影——一个展示万物存在本质的自然场所。于是，这片风景很快就成为他象征性探索的魔法画布。

具有象征性的花园并不是詹克斯的首创。早在公元前550年，居鲁士大帝（Cyrus the Great）就在穆尔加布平原（Murghab plain）的帕萨尔加德（Pasargadae）修建了一座花园，按照后来被称为"天堂"风格的波斯传统，园中的细沟就代表着从伊甸园（Eden）中流出的河流。在中世纪，封

[①] 该慈善机构的成立是为了给苏格兰女王护理学院筹集资金，以帮助支持女护士（通常称为地区护士）的培训。在"苏格兰花园计划"的第一个全年，超过500个花园开放。

1

2

相关推荐

尤达地形雕塑
（Landform Udea）
欧洲，英国

在苏格兰爱丁堡（Edinburgh），国家现代美术馆（National Gallery of Modern Art）周围盘旋的正是查尔斯·詹克斯按照混沌理论设计的雕塑。

塔罗花园
（The Tarot Garden）
欧洲，意大利

坐落在马雷马（Maremma）乡村的妮基·德·圣法勒[①]（Niki de Saint Phalle）花园中，就有许多奇特、怪诞和曲线优美的雕塑，很多雕塑上都覆盖着镜子的碎片，这些雕塑的艺术思想正是基于神秘主义。

---

① 法国艺术家，是20世纪末前卫艺术的先驱。

"当设计花园时，首先你要面临的一些基本问题——什么是自然，我们要如何融入其中，应该如何在物理和视觉上尽可能地塑造它？"

——查尔斯·詹克斯

闭的花园（拉丁文 *hortus conclusus*）就具有丰富的基督教意义。在后来的几个世纪里，人们修建花园大多是为了娱乐或享受，于是这种象征意义似乎不再流行。但是，宇宙思考花园作为对这种传统的尝试性回归，受到了广泛的喜爱。

感知游戏

多年来，这对夫妇多次与物理学家和宇宙科学家会面，最终提出了一个融合科学、艺术和自然的设计方案。他们开始为基本的科学思想和隐喻意向赋予具体的物理形态：有些造型看起来就和时间一样古老，有些造型则反映了 21 世纪初层出不穷的新发现。

宇宙思考花园由 5 个区域组成，里面的每一扇门、每一处栅栏、墙壁和铺路石都代表着关于宇宙起源和它所维系生命的一次关键发现。挖池塘时堆成的土丘，现在被称为蜗牛丘（Snail Mound），被塑造成双螺旋形状，代表 DNA 的样式。在整个花园里，更多关于这一标志性生命符号的雕塑被安放在各处。在他们房子后面的空地上，詹克斯创造出一道宇宙瀑布。瀑布的每个部分都描绘了一个不同的物质时代，从时间的起点到第一批恒星的出现，再一直发展到今天。房子外面是一个黑洞露台，由草坪上扭曲的形状组成，代表了时间和空间的扭曲。就连温室的屋顶也是由拉格朗日（Lagrange）、薛定谔（Schrodinger）和其他物理学家发现的方程式构成的，这些方程有助于解开物质存在的复杂性之谜。

沉思空间

参观这个超凡脱俗的广阔空间，你会同时体验到欢乐和怀疑、困惑和钦佩、深思和分心的感觉。当然，宇宙思考花园并不是传统意义上的花园。我们曾经熟悉的花园特征在这里似乎都变成了一些奇怪的东西，总是以一些我们意想不到的元素从地面冒出来，不知名的小径将游人带到神秘莫测的林间空地。游人总有这样一种感觉，像是游走在一个不断变化的空间里。

匠心之作

玛吉癌症护理中心
（Maggie's Centres）

玛吉·凯瑟克对自然的本能理解是宇宙思考花园修建过程中不可或缺的一部分。当玛吉被诊断为癌症晚期时，她投入巨大的精力，在一栋独特的建筑中创建了一个癌症护理中心体系，其中所有中心都配有赏心悦目的花园。

不过，归根结底，宇宙思考花园还是一个私人花园，其设计初衷从来不是为了接待游人。在一年中的开放日，来到花园周围漫步，可以对创造者的思想和兴趣产生一种特殊的洞察，并且像他们一样思考和体悟那些总是在我们周围却看不见的力量。然而，来到这里并不是为了解开花园中体现的理论之谜，也不是为了被这片土地所暗含的复杂知识淹没。仅仅沉浸在孤独的思想和完美的地貌中，就足以让你重视自己在这个宇宙中存在的意义。

温迪的秘密花园
（Wendy's Secret Garden）

地点：悉尼薰衣草湾
最佳观赏时间：冬天，低垂的阳光照在植物上，景色优美宜人
规模：1 公顷

　　温迪的秘密花园坐落在悉尼港边缘的台地上，俯瞰着美丽的海湾。它代表着一位富有才华又充满感情的园丁打造的一条走出悲伤之路。这个秘密可能已经为公众所知晓，但这个隐秘的花园仍然是送给世界的一份温暖人心的礼物。

温迪的秘密花园蜿蜒在树木之间，越过砂岩壁架，隐藏在阳光明媚的公园深处一条繁忙的道路旁。虽然这是一个公共花园，却有一种无形的亲密感，感觉更像一个私人空间，开放性和私密感兼而有之。

使命感

　　在温迪·怀特利家的不远处，一片铁路用地已经荒废了一个多世纪。1992 年，温迪的艺术家丈夫布雷特·怀特利（Brett Whiteley AO）去世，温迪沉浸在巨大的悲伤之中。经过几番痛苦挣扎，她决定全身心地投入对这片空地的修整中，不断为其除草、清理和种植。这块地属于公共财产，她也没有申请过许可，不过也没有人阻止她这么做。相反，她静静地在她认为是自己秘密花园的地方劳作，种植了一些需要她的照顾和关注才能存活的植物。9 年后，当悲剧再次降临，她的女儿阿基（Arkie）去世时，温迪更加坚定地把所有精力都放在花园里。这个过程能够治愈创伤，也伴随着冥想——因为这项工作需要全神贯注，也就成了她生活中必要的消遣。

秘密花园在壮大

　　温迪的花园并没有保密多久，逐渐有路人留意到她在做的工作。有人停下来帮忙，有人送来植物作为礼物，于是这座花园，还有温迪的灵魂，就这样完成了壮大和升华。温迪虽然不是专业的园艺家，但她很有想象力，用缝纫机和古董三轮车等现成的东西和各种各样的植物来填充这片空间。成熟的莫顿湾（Moreton Bay）无花果和高大的班加罗（Bangalow）棕榈树耸立在亚热带植物和本地蕨类植物之上。曲折的小径通往花园一角，深处还有几级石阶，砍断的小树苗被做成台阶的扶手。

　　花园有固定的"邻居"，每天有数以千计的通勤者乘坐火车从这里经过。不过，这座世外桃源仍然是一个受到保护的地方。每天，温迪和游人都来长椅上休息一会儿，或者漫无目的地闲逛，等到心情放松才离开。温迪一直担心她的花园会受到城市开发的威胁，所幸当地议会授权给她一份 30 年可续签的租约。很幸运，这座秘密花园可以继续为那些需要它的人提供平静和安慰。

1. 从秘密花园眺望悉尼港湾大桥（Sydney Harbour Bridge）的壮丽景色

2. 温迪家门前红色的吉梅亚百合，原产于澳大利亚东部

相关推荐

切尔西草药园
（Chelsea Physic
Garden）
欧洲，英国

这座"秘密"治疗花园隐
藏在泰晤士河畔的高墙后
面，起初是作为种植药用
植物的地方而建立的。今
天，这里拥有大约5000
种改变了世界的植物，也
包括一些对现代医学至关
重要的植物。

棕榈树环绕着峡谷花园里喷水的百合水池

欧洲，意大利

莫尔泰拉花园
（Giardini la Mortella）

地点： 伊斯基亚岛，福里奥镇北侧
最佳观赏时间： 春秋两季，可以赶上令人愉悦的室内音乐节
规模： 2公顷

苏珊娜·沃尔顿（Susana Walton）夫人的丛林天堂是为她的丈夫作曲家威廉·沃尔顿[①]（William Walton）爵士建造的一个安静休闲之所。然而，这座花园起初是作为对丈夫爱的证明，后来却成了苏珊娜自己的心头所爱，她将这里打造成一个令人着迷的热带绿洲，为和谐而生，并从中展现出巨大的创造力。

莫尔泰拉花园是20世纪三位创意人物的经典巨作，他们分别是园林设计师拉塞尔·佩奇（Russell Page）、植物学家苏珊娜·沃尔顿女士和作曲家威廉·沃尔顿爵士。1956年，沃尔顿夫妇买下伊斯基亚岛上的这处房产时，这片干旱的山坡还只是一个废弃的采石场。这对夫妇邀请他们的朋友佩奇来设计一个花园，而正是苏珊娜对植物的喜爱，才最终把它变成了一个郁郁葱葱的隐秘之地。正是在这里宁静又平和的气氛下，威廉创作出一系列著名的音乐作品。

两个花园的故事

莫尔泰拉花园分为两个部分，从植物的丰富性和多样性来说，意大利南部极少有花园能够与它媲美。一进门，游人就会发现自己置身于山谷花园（Valley Garden）阴凉潮湿的环境中。花园中心有一个巨大的蛋形百合水池，优雅的水柱喷薄而出，给周围的植物都蒙上一层细密的水雾。行至阳光充足的山丘花园（Hill Garden），这里是当地橡树、橄榄树、岩蔷薇和芳香桃金娘的天堂，这些繁茂的植被生长在露出地面的石缝中。莫尔泰拉花园是一个值得信步浏览的地方，沿着台阶上上下下，每一处角落和缝隙都散发着平静和安逸。

半个世纪前，苏珊娜在这片古老的山谷地区种植了许多热带和亚热带植物。每一项工作她都亲自监督，才使花园在方方面面都显得如此出众。这种热带风格让人想起了她的祖国阿根廷（Argentina），但从植物学上讲，这是世界各地丰富多彩的植被和水生植物的结合，包括澳大利亚本土的蕨类植物、非洲纸莎草和尼罗河百合。一棵丝木棉树（由苏珊娜用在布宜诺斯艾利斯采集的种子培植而成）现在遮蔽了凤梨、秋海棠和倒挂金钟的鲜艳苞片。温室里兰花盛开，亚马孙王莲

---

① 英国作曲家、指挥家。

（*Victoria amazonica*）的巨大叶子漂浮在水面上。在这个花园里，处处都体现了富足、繁荣的精神世界和苏珊娜的生活乐趣。

爱的付出

苏珊娜并不是唯一热爱这座花园的人。佩奇多年来一直在从事花园的开发和扩展设计相关工作，却从未向苏珊娜收取过任何费用。1983年，为了庆祝威廉80岁生日，佩奇又在花园中增加了一个喷泉和水渠，这是他对莫尔泰拉花园所做的最后贡献。同年，威廉去世，2年后，佩奇也去世了。尽管丈夫和亲爱的朋友相继离去，但苏珊娜一直坚持照料着他们都深爱的花园。山丘花园完全是她个人的作品，她还在竹林和芙蓉花丛中开设了一家曼谷风格的茶室，以此来强调它的特色。

经过精心挑选，苏珊娜将威廉的骨灰安放在花园高处的金字塔形实心巨石纪念碑内。这是一处最适合威廉的安息之所，在这个他们最喜欢的地方，可以俯瞰阳光普照的地中海风景。在2010年苏珊娜去世后，她的骨灰被安葬在她自己选定的地方——她心爱的睡莲园，旁边就是她全心全意珍惜的花园。

音乐梦想起航

如今，在旅游旺季，莫尔泰拉花园肯定不像以前那么私密和宁静。然而，威廉的愿望绝不是让莫尔泰拉花园成为被人遗忘的秘密。他生前最大的梦想就是帮助有才华的年轻音乐家，而在他去世后，莫尔泰拉花园也一直致力于此。英国和意大利的信托基金为这里举办的音乐会和音乐节提供资金，使花园成为庆祝音乐、灵感和艺术创造力的海洋。每当举办音乐节时，绿树成荫的小路上人山人海。然而，无论如何，这里都是休闲放松的好地方，长椅提供了休息之处，还有许多隐秘的角落等待着游人去探索。

———————

匠心之作

音乐会活动

位于山丘花园中心的希腊式剧院是举行交响音乐会的壮观舞台，夏季的每个星期四都有青年管弦乐团在此演出。舞台后面，伊斯基亚岛令人惊叹的风景也使这些音乐会显得更加特别。

———————

这座山丘花园的设计意图与1956年设计莫尔泰拉花园时一样，也就是捕捉艺术、自然和音乐之美，并向佩奇的激情、威廉的成功，以及苏珊娜作为一名园艺师的才华致敬。的确，古典音乐会和偶尔活跃的气氛可以使花园，以及威廉和苏珊娜·沃尔顿的记忆再度鲜活起来。

1. 通往宁静角落的台阶

2. 可以欣赏全岛美景的山坡花园

3. 盛开的粉紫色簇状天竺葵

4. 温室里漂浮巨大的亚马孙王莲

天堂花园
(Jardins de Métis)

地点：魁北克格兰德梅蒂斯 132 号公路 200 号
最佳观赏时间：7 月的前两周，成千上万的蓝色罂粟花竞相盛开
规模：18 公顷

这个令人惊叹的花园，从蜿蜒的云杉林中升腾而起，它是一个女人用顽强和激情创造出的惊人结果。天堂花园，也被称为里福德花园（Reford Gardens），已经成为加拿大著名的花园之一，它总会在一条蜿蜒的小路上与你不期而遇。

慈善家埃尔西·里福德从未想过要成为一名园艺师，但在 53 岁时做了一次手术后，她的医生告诉她，她以后再也不能钓鱼、打猎和骑马了。相反，医生建议她从事一些园艺工作。起初，她很不情愿地进行了尝试，最终把一处偏远垂钓小屋周围的庄园变成了一个巨大的花园。

里福德坚持边干边学。除了要应对当地寒冷的气候条件，她的主要困难是缺乏可耕种的土壤。为了克服这一问题，她用客人捕捞的鲑鱼换取附近农场的泥炭、土壤和树叶等覆盖物。由于无法搬运重物，她请来了当地人帮她铺土，搬运沉重的石头和树木。由于当地没有苗圃，园中几乎所有的植物都是她凭借毅力和先锋精神，通过邮寄订购的种子来种植的。

宁静的辉煌

天堂花园可能是里福德保持忙碌的一种方式，但如今它已经成为一个让人们放慢脚步细细品味的地方。这是一个需要一点点去探索的花园，游人将首先看到艳丽惊人的蓝色罂粟田，再穿过缤纷红色、黄色和橙色的杜鹃花步道，最后来到宏伟的长步道，壮观的牡丹、百合、玫瑰、夹竹桃和其他植物一一映入眼帘。

匠心之作

蓝色罂粟花

里福德是早期在北美种植蓝罂粟（Meconopsis betonicifolia）的人之一，自从 1926 年加拿大引进蓝罂粟之后不久，里福德就采购了这个品种的种子。如今，这种引人注目的蓝色花朵已经成为天堂花园的象征。

在近 100 年后，天堂花园仍然是一个家族式企业。现在，花园由里福德的曾孙亚历山大（Alexander）带领的基金会负责维护，以确保这个总是让人想起著名植物学家的家族姓氏流芳百世。

1. 里福德将
标志性的蓝
色罂粟花融
入蓝色罂粟
林地

2. 蜿蜒的小
径穿过茂密
的林地

思索之苑

(Spirited Garden)

地点：济州特别自治道济州市翰京面楮旨里 1534
最佳观赏时间：3 月至 5 月，这段时间温度宜人，春花盛开
规模：4 公顷

　　爱意、理解和与自然交流的哲思是韩国济州岛这个华丽花园的设计初衷。这座枝繁叶茂的花园展示了人类和自然共同取得的成就，并最终成为一个寻找内心平静的去处。

园艺师这个定位对于这座花园的缔造者成范永（Seong Beom-yeong）来说并不贴切。他是这座植物园的艺术家，他的花园之美是盆景的艺术——小树木被塑造成反映其物种复杂性的微观世界。这个花园里大约有 400 棵这样的盆栽树木，它们排列整齐，点缀着小径旁边的河流。紫色的紫藤装饰着悠闲的藤架，空气中弥漫着柠檬和橘子的香味。

爱的付出

　　当你在这个花园漫步，不仅会对成范永的才华心生敬佩，更会对他的勇气和决心产生敬畏之情。作为韩国的一名养猪户，他经常去济州岛，最终在那里买下一块贫瘠的土地，在上面修建了一个花园。园中的盆景反映出他的人生哲学，即美丽源自痛苦，他希望这座花园和树木能为世界和平做一点贡献。虽然这是一个宏大的愿景，但它确实给游人带来一种奇妙的感觉，尤

其是当他们体会到成范永在种植这些植物时所付出的爱意和关怀，这种共鸣之感就愈加强烈。

　　在杜松花园（Juniper Garden），300 年历史的古树安静庄严，营造出一种沉痛的氛围。在旁边的哲学花园（Philosophy Garden）里，摆放着济州岛各地都有的祈福和保佑石像。这些石像当时是为了鼓励人们抗击新冠肺炎疫情而安放的。园中一处一景都是煞费苦心设计的，游人需要花一些时间来欣赏思索之苑的美丽与和平，但这是值得的。

对家庭园艺的启发

种植盆景

　　购买一些适合当地气候的"苗木"。保持树木微型化的诀窍是修剪和布线——用金属丝包裹树枝，以限定它们的生长方式。

---

1. 精心修剪的盆景点缀在八个园区之一

2. 涌入池塘的水流

3. 道旁的济州岛石像（Dol hareubang）

狂野而奇妙

如果花园是一个赞美自然世界的地方，那么没有什么比野生花园更能体现这一点了。在忘记了秩序和约束的花园里，一草一木都在表达自己对大自然的尊重——充满野性、恣意盛放。当大自然依据自己的想法挥毫泼墨时，不管是目睹紫藤在废墟中欣欣向荣，还是见证沙漠中出现顽强的黄色、粉色或紫色仙人掌，我们都会感叹，大自然的鬼斧神工简直不可思议。

实验精神

当然，矛盾的是，无论看起来多么自然，世上很少有花园是真正野生的。利用自然美学的自然主义花园（Naturalistic gardens）非常适合通过精心布局达到这样的效果。当更远处的景观看起来就像是花园的一部分，那是野花、草木和栽培物种完美混合的结果。最终，这代表了一种实验精神：将正式和非正式的种植风格混合在一起，或是将分层的植物组合在一起。对于园林设计师米恩·鲁斯（Mien Ruys）和皮特·奥多夫（Piet Oudolf）这样的人来说，就是要坚持新宿根植物设计运动①（New Perennial Movement）的自然主义设计风格。对一些人来说，这种实验与其说是尝试新的植物组合，不如说是将他们概念上的"野生"想象转移到现实景观中。例如，爱德华·詹姆斯（Edward James）在郁郁葱葱的雨林中打造出一幅超现实主义的丛林景观，在他的花园里，攀缘植物缠绕在建筑结构之间。同时，甘娜·沃尔斯卡（Ganna Walska）将戏剧与园艺结合起来，在自己富有特色的花园各个角落，用奇形怪状的雕像和动物造型来激发人们的想象力。

内心狂野

不过，野生花园并不完全是关于美学的。实验精神可以简单地理解为看看什么植物可以在看似不宜生长的气候中开花。你认为挪威北部或北美洲灼热的沙漠里什么都不能生长吗？在这种极端温度下建造的花园证明了很多东西都值得一试，人们在此依然培育出令人眼花缭乱、花花绿绿的植物，等等。让大自然自己或者在很少干预的情况下繁衍生息，对保护本土物种也有很大帮助。我们多么幸运能在南非和新西兰这样的地方建造花园，欣赏到大自然的奇异富饶。

在某种程度上，无论是种植风格还是总体概念，所有野生花园的共同点就是大胆。当然，它们都是大自然以自己的方式震撼人心的绝佳展示。

---

① 新宿根植物设计运动，是一种迷人的景观种植形式，能与现代景观设计师的心灵产生共鸣；也叫作新宿根景观运动，利用草本多年生（宿根）植物与观赏草类搭配种植，以表达自然为诉求。

奥塔里植物园
新西兰

赫曼斯霍夫花园
德国

米恩·鲁斯花园
荷兰

雨林花园
墨西哥

比特摩尔庄园
美国

伽娜瓦斯卡莲花园
美国

科斯滕布什国家植物园
南非

羽毛花园
法国

特罗姆瑟北极高山植物园
挪威

沙漠植物园
美国

托马斯西亚高山花园
瑞士

宁法花园
意大利

高线公园
美国

大洋洲，新西兰

奥塔里植物园
（Ōtari-Wilton's Bush）

地点：惠灵顿威尔顿路 150 号
最佳观赏时间：9 月和 10 月，可以观赏到四翅槐树、新西兰桃金娘和查塔姆岛
（Chatham Island）的勿忘我盛开
规模：占地 5 公顷的植物园位于 100 公顷的原生森林内

奥塔里植物园拥有丰富的森林资源和优美的自然环境，是新西兰本土植物品种最为完备的地方。即使在国际上，它也是少数几个只专注于本土植物的花园之一。

对新西兰本土植物的热爱是奥塔里植物园的根本出发点。最初，这个花园是森林中的一部分，这片森林为毛利人（Māori）提供了狩猎场，但到 1840 年，欧洲移民来到这里，开始清理高大的雨林。当地农民乔布·威尔顿（Job Wilton）对欧洲人的大规模砍伐感到非常震惊，他用篱笆隔开了 7 公顷的土地，来保护一些"灌木"能逃过被砍伐的命运。正是这片未被砍伐的森林，后来成为由新西兰最伟大的植物学家伦纳德·科凯恩博士（Dr Leonard Cockayne）在 1926 年建立的更广阔保护区的基础。

新西兰颂歌

科凯恩博士非常关心新西兰本土植物群的保护问题，于是他着手开发一种纯粹的本土植物园。在这里，来自亚热带北部的茂盛植物与来自次南极群岛的稀有物种愉快地共存。在这片森林附近是古老的、正在再生的森林，附生植物栖息在树枝上，藤蔓在山谷中摇曳。穿过森林深处的一条步道，可以让游人近距离窥视高大林木的树冠，其间点缀着灌木覆盖的山丘远景。步道通向岩石花园，毫无疑问，这是整个植物园的精华所在，以其丰富的草本和灌木种类成为镇园之宝。在这个保护区内，几乎每一种植物都是从新西兰偏远地区采集的插条或种子中培育出来的。一旦种植成功，许多植物就会由奥塔里植物园的园丁进行繁育，然后重新种植到野外。这就是用行动来保护当地的树种。

1200

这个数字是生长在奥塔里植物园的本地植物、杂交品种和栽培品种的数量，其中就包括当地已灭绝的威廉氏金盖花（*Carmichaelia williamsii*）。

1. 深红铁心木
（*Metrosideros
carminea*）为风
景增添色彩

2. 枪木树（*Pseu-
dopanax cras-
sifolius*）坚韧、狭
窄、带刺的叶子

3. 从观景台俯瞰
从未砍伐过的原
生灌木

赫曼斯霍夫花园
（Hermannshof）

地点：巴登－符腾堡州，魏因海姆，巴布洛街 5 号
最佳观赏时间：4 月下旬可以欣赏春季的郁金香和紫藤，9 月和 10 月是可以欣赏繁盛草木的时间
规模：2.3 公顷

无论你是对自然主义园林风格知之甚少，还是新宿根植物设计运动的狂热追随者，赫曼斯霍夫花园都将让你看到以植物栖息地为基础的野性之美。在这里，美学概念、生态指标和低维护成本的理念完成了最高水平的实践。

当你来到赫曼斯霍夫花园时，只需带上相机、笔记本和你的好奇心。在这个无所不有的植物园里，你可以在一系列令人赞叹的自然主义花园之间自由漫步，每一个花园都以世界各地温带地区的某个自然栖息地为模板。

向自然学习

赫曼斯霍夫花园最初是弗罗伊登贝格（Freudenberg）家族的私人庄园，这位富有的实业家在 1888 年买下了这块土地。到 20 世纪 70 年代末，这座宏伟庄园及其花园陷入困难的境地。为了解决问题，弗罗伊登贝格家族的好友、著名景观设计师格尔达·葛尔韦泽（Gerda Gollwitzer）建议把赫曼斯霍夫花园改造成一个经典的实验花园。通常来说，这种实验花园会把植物按照一排排种植，以此测试各种植物的生长情况。而赫曼斯霍夫花园是致力于展示如何根据植物各自的栖息地特点来有效种植植物，以创建一种更为随意的自然主义风格花园。

该项目基于理查德·汉森（Richard Hansen）教授的开创性研究，他研究了野生多年生植物的栖息地特征，并由此开发出一种在花园中成功种植的生态方法。在秉持以审美为目的种植花卉的时代，这无疑是一种十分超前的想法。汉森随后将接力棒交给了他的得意门生乌尔斯·沃勒（Urs Waller）教授，正是沃勒起草了花园的第一份种植计划，并成为赫曼斯霍夫花园的第一任负责人。

植物栖息地

沃勒依据汉森的生态原则，在赫曼斯霍夫花园创造了一系列独特的植物栖息地，使每种植物的生长环境都与特定的条件相匹配。

最终效果不仅实现了科学上的严谨，而且美丽异常。在花园的南侧，一条蜿蜒的木栈道通向一片郁郁葱葱的东亚丛林，周围长满了蕨类植物和喜阴的多年生草本

夺人眼球的彩虹色色彩优雅地铺展在赫曼斯霍夫花园中

植物。一片开阔的干草原展示了来自北美草原和欧亚草原的花草，完美融合成一个迷人又充满活力的整体。

赫曼斯霍夫花园以其精心设计的多年生植物、草场和土生植物种植而闻名，这些植物让这座花园一年四季都能展现出迷人的景色。春天，花园中充满丰富的色彩，成千上万的郁金香、水仙和克美莲（*Camassia*）与海棠、紫荆和玉兰争奇斗艳；夏天，草场和草本植物轮流盛开，花园里锦绣芬芳。在一年生的花圃中，可食用的苋菜、波斯菊和金雀花盛放出彩虹般的色彩。在秋天甚至冬天的几个月里，虽然园中色彩变得更加柔和，但草原和种子穗在一片焦黄的铜色和金色中依然耀眼夺目。

新型德式风格

赫曼斯霍夫花园于 1983 年向公众开放，并从此为德国的园林界树立了新的标杆。今天参观花园，你将看到现任主管卡西安·施密特（Cassian Schmidt）极富创意的影响。

在过去的 20 年里，施密特设计了一系列耐人寻味的新派野生景观，其灵感来自他作为植物猎人的全球旅行。在操作层面上，他更加注重保护，或者更确切地说，注重对濒危物种的保护。他的生态种植系统已经做到以最短的时间和最小的成本取得了最大的收获。

———————

匠心之作

植物群落

植物是群居生物。汉森教授通过对野生栖息地物种的观察，归纳出植物群居性的概念。一些植物喜欢独居，而另一些植物则以小群体或大群体的形式生长。

———————

你可以在他设计的宏伟草原上看到这种方法的效果。这些草原可能看起来很荒凉，但事实上，所有植被都巧妙地种植在一层很深的石英砾石中，以最大限度地减少不断除草的需要。

这种新型德国风格力求既实用又美观，赫曼斯霍夫花园当然也在这两方面都颇有造诣。这座真正壮观的花园向我们表明，从自然栖息地中汲取灵感可以提供更好的种植决策。

1. 茂盛的郁金香为春天带来了鲜艳的色彩

2. 沿着藤架步道生长的紫藤

3. 紫锥菊点亮了干草原的色彩

4. 植物猎人兼花园主管卡西安·施密特教授

狂野而奇妙　　121

1. 混合多年生
植物和草木的
太阳花园

2. 蕨类植物和
睡莲装点着谷
仓旁的运河

3. 成衣花园中
有些创意可供
家庭园艺借鉴

米恩·鲁斯花园
(Tuinen Mien Ruys)

地点：上艾瑟尔省，代德姆斯法特，莫尔海姆街 84 号
最佳观赏时间：春秋两季适于欣赏美丽的花朵
规模：2.5 公顷

不是 1 个，而是 30 个极具想象力的系列花园组成了米恩·鲁斯花园。这 30 个花园按照时间顺序排列，反映了荷兰景观设计师米恩·鲁斯的实验精神和生活工作，将她独特的狂野美学引入了现代园林设计。

参观米恩·鲁斯花园就像是在一条思想的时间轴上穿行，因为这是米恩·鲁斯呕心沥血工作了 70 年的地方。人们通常认为，米恩·鲁斯是新宿根植物设计运动的主要灵感来源，因为她探索了建造花园的激进新方法。鲁斯对植物学有着很深的研究，她就在父亲的莫尔海姆苗圃附近长大。早年短暂地学习了园林建筑之后，她开始思考花园布景中使用的材料，这对她来说和造园植物本身一样重要。有这两种激情，她便开始在父亲的土地上建造小花园，尝试植物和材料的新组合。

自然的实验性

在所有 30 个花园中，人们可以看到一种创造性的美学。在她的第一个实验"荒野"（Wilderness，1924）中，鲁斯用简单的几何路径突出了喜阴的多年生植物。在这种刚性硬质景观和松散植物的结合中，一条笔直的石砖小路通向一个被树木遮蔽的方形池塘，周围种植了自然主义风格的林地植物。这也是一个充满实用性的景观：分层的多年生植物抑制了杂草的生长，而树叶产生的腐殖质滋润了土壤，创造了鲁斯所说的"受控的荒野"。

鲁斯擅长将多年生植物分层——根据不同的形状和纹理对其加以选择，以此赋予它们更狂野的特点。在整个花园中，不同植物交织在一起，形成了自然的融合，看起来就像是自然而然的一样。这种效果与建筑结构的明确框架形成鲜明对比，比如外露的骨料瓷砖、桥面或铁路枕木。在 1960 年的"标准多年生花园"（Standard Perennial Border）中，植物与极简主义的树篱形成对比，将花园变成了一幅短暂野性之美的画布。可能是鲁斯的作品激发了新宿根植物设计运动，但她所设计景观的功能性同样激发了那些来参观的人，促使我们所有人都在自己的花园中大胆发挥创造力——无论我们的花园多么小都没关系。

对家庭园艺的启发

野性风格的设计指南

以鲁斯的作品为例，摒弃草坪，转而采用石头、标本树和极简主义树篱来设计布局。在硬景观中也尝试工业材料，比如钢铁和煤块都是不错的选择。

北美洲，墨西哥

雨林花园
（Las Pozas）

地点：圣路易斯波托西希利特拉
最佳观赏时间：3 月至 5 月，盛暑来临之前，正值花卉盛开的时节
规模：32 公顷

在墨西哥中部丛林覆盖的偏远山区，雨林花园是一个超现实主义的幻想之作，园中点缀着迷人的、有时也令人困惑的艺术珍品。这个丛林丰饶的亚热带仙境，无疑是想象力纵情狂奔的创作结果。

当你沿着崎岖不平的小路蜿蜒穿过雨林花园迷宫般的亚热带雕塑花园时，一系列奇异的结构便陆续从茂密的树叶中浮现出来。这是否像是偶然发现了一座几个世纪前被某个古老文明遗弃了的失落城市？并非如此。仔细看去，一段楼梯通向天空、一组没有墙壁的房间，还有巨大的圆环、拱门和柱廊凌乱地散落在地上。这是一个超现实主义的艺术基地，而不是被遗忘的废墟——不过，这正是花园缔造者想要表达的意图。

雨林花园是英国诗人兼艺术家爱德华·詹姆斯的心血结晶，他的旷世奇才只有他的巨额财富才能与之相配。1907 年，詹姆斯出生在一个靠铁路和铜矿发家的富有家庭［也有传言说他是爱德华七世[①]（King Edward Ⅶ）的私生子］，他拥有传统的上流社会教育背景，但很快就走上了自己选择的道路，成为当时处于起步阶段

的超现实主义艺术运动的热情支持者。他在美国待了一段时间，随后去了墨西哥。他决心找到一个可以专心写作的田园隐居，最终来到了格尔达山脉（Sierra Gorda）下雾气缭绕、风景如画的小镇——希利特拉。詹姆斯被该地区崎岖的地势和一览无余的美景吸引，于 1944 年在镇外购买了一大片丛林覆盖的土地。他想要打造一个伊甸园，便在接下来的 40 年里，让自己的想象力驰骋在自己打造的独特仙境中。

迷恋兰花

在好友普鲁塔科·加斯特卢姆·埃斯奎尔（Plutarco Gastélum Esquer）的帮助下，詹姆斯在这里安了家，开始创造他的天堂。有一段时间，他专注于园艺，将来自世界各地的数千种兰花引入自己的花园。然而，1962 年，一场暴风雪来袭，几乎摧毁了詹姆斯所有珍贵的藏品。

[①] 爱德华七世（1841—1910），大不列颠及爱尔兰联合王国国王及印度皇帝（1901—1910 年在位），维多利亚女王和阿尔伯特亲王之子。

"通常情况下，人们必须先清除植被才能重新建造。这里却恰恰相反。詹姆斯对自然的建筑干预恰恰突出了自然的丰饶性和多样性。"

——艺术评论家，艾琳·赫纳（Irene Herner）

因为失去心爱的兰花，詹姆斯悲痛欲绝，决定创造一种永不凋谢的兰花。在对新宿根植物设计运动的热情鼓舞下，他开始着手打造自己的超现实主义仙境。

看似三层，实则五层

利用希利特拉充足的廉价劳动力和墨西哥宽松的建筑法规，詹姆斯在接下来的20年里为自己的超现实主义花园设计了200多件艺术品、雕塑、天马行空的创作和建筑，尽管他没有任何建筑或工程方面的经验。这些建筑由混凝土和钢筋建成，最初采用了花朵（包括模仿他失去的兰花）、植物、真菌、树叶和树木的造型，但是没过多久就在外观上变得越来越梦幻。

园中这样的异想天开之处比比皆是，而且大都保留至今。当你漫步在雨林天堂时，伴随着鸟鸣声、流水声和绿植中昆虫的轻柔嗡嗡声，你会遇到高塔、梁柱、拱门、桥梁、高架走道和螺旋楼梯等，它们通常危险地堆叠在一起，敞开怀抱面向游人。

其中有一个奇特的建筑，表面缠绕着藤蔓，是一座令人头晕目眩的三层小楼，但事实上它也可能有五层，它的楼顶一直延伸到森林的树冠之上。还有，七宗罪之路（Road of the Seven Deadly Sins）代表了人类最黑暗的过失，路面的鹅卵石上方，雕刻着危险的毒蛇图案。在这个"超现实主义世外桃源"（Surrealist Xanadu，詹姆斯经常以此自诩）中，所有设计都是形式大于内容，许多结构都与萨尔瓦多·达利（Salvador Dalí）和其他超现实主义艺术家作品中的意象遥相呼应。

1000

詹姆斯每周都要花费 1000 美元，用于购买建筑材料，以及为雨林天堂项目雇用劳工和匠人。

不断入侵的丛林

这也并不是说这座花园里全是雕塑。恰恰相反，周围的丛林正是雨林花园不可或缺的活跃部分，尽管詹姆斯一直努力阻止丛林不断侵占进来。这些植物似乎未被驯服，在某些地方甚至是完全野生的。这里有无数种树，有些是本土的，有些是詹姆斯亲自引进的。竞相吸引游人目光的还有俗称"火焰花"（flamboyants）的凤凰木（Delonix regia），开着鲜艳的橙红色花朵；还有龟甲木棉（Pseudobombax ellipticum），绰号"修面刷树"（shaving brush tree），这是因为在刚开放时，它的白色花朵呈现缕状，就像剃须刷一样；还有高大的墨西哥红木——黄金檀（Cordia elaeagnoides）。

除此之外，还有咖啡树、香蕉树、杧果树、凤梨树和几种大型蕨类植物，它们的颜色从豌豆绿到深紫红色各不相同。自然的景观元素中，最著名的就是瀑布般的河流，它创造了一系列田园诗般的瀑布和水池（Las Pozas 也是得名于此，意思是"水池"），也在花园设计中发挥着重要作用。

无处可去的门

詹姆斯古怪的幽默感和天马行空的想象力在雨林花园大放异彩，也有很多视觉

1. 鹅卵石铺成的七宗罪之路

2. 大门打开，瀑布和植物映入眼帘

3. 浓密的树叶吞没了詹姆斯的超现实主义建筑

玩笑。例如，电影院里没有座位和屏幕，图书馆里没有书，很多门都打不开，即使能打开的也不会通向任何地方。这些雕像周围还有许多毒蛇造型、巨手雕塑，以及出生于英国的墨西哥超现实主义艺术家利奥诺拉·卡林顿 [1]（Leonora Carrington）创作的牛头人壁画，詹姆斯是其作品的忠实爱好者。

多年来，苔藓和地衣爬满这些建筑的表面，使它们看起来像是几个世纪以前的废墟，茁壮生长的树叶像潮水一样淹没它们的底座。很难猜想森林的尽头和雨林天堂的边界在哪里，因为它们天衣无缝般融合在一起。这里的建筑几乎都没有完工，只有一座，也就是詹姆斯自己的住宅可以居住。正如导游解释的那样，这座花园一直在修建中，詹姆斯不断地对它进行修改、重新设计和添加新元素。

超现实主义的梦想

自从 1984 年詹姆斯去世后，雨林花园就陷入了荒废和失修的状态，丛林与建筑和雕塑彼此缠绕得越来越深。13 年后，方多·希利特拉（Fondo Xilitla）基金会以 220 万美元的价格买下雨林花园，负责维护和保养这些雕塑和周围的土地和植物。该基金会对这座园林进行了大规模的修复工作。该园林于 1991 年向公众开放。

如今，前往雨林花园参观既是一种神奇的体验，也略带忧郁，因为它会让你看到想象力的伟岸和实现梦想的艰难。你可以在此欣赏到詹姆斯雄心勃勃的计划和对这个世界的独特看法。按照萨尔瓦多·达利的说法，詹姆斯"比所有超现实主义者加起来还要疯狂。那些人都是假装，只有他是真正的超现实主义先驱者"。

---

[1] 一位出生于英国的墨西哥艺术家，超现实主义画家和小说家。

相关推荐

因赫泰姆艺术中心
（Inhotim）

南美洲，巴西

这座位于贝洛奥里藏特（Belo Horizonte）附近的植物园和露天艺术画廊展出了一些当代世界顶级艺术家的作品，比如草间弥生（Yayoi Kusama）和马修·巴尼（Matthew Barney）。

北美洲，美国

比特摩尔庄园
（Biltmore Gardens）

地点：北卡罗来纳州阿什维尔洛奇街一号

最佳观赏时间：春天，花草树木竞相开放，色彩绚丽；秋天，满山树叶色彩斑斓，令人叹为观止

规模：3237 公顷，其中规则风格花园占地 12 公顷

这座庄园由两位美国梦想家建造，是一个从农业用地转变为田园景观的成功案例。在比特摩尔庄园，规则风格和随意风格的花园融合在一起，草坪和森林延伸到远方的地平线。

看着如今比特摩尔庄园起伏的草地和修剪整齐的花园，很难想象乔治·华盛顿·范德比尔特二世 ①（George W. Vanderbilt Ⅱ）当初购买这块土地时它是什么样子。范德比尔特二世来自美国最富有的家族，他对阿什维尔地区很熟悉，因为他经常和母亲一起去那里。他十分喜欢这里新鲜的空气和美丽的风景，于是决定买下 50585 公顷的土地（包括一个农场），并在上面建造一座庄园。

创新设计

范德比尔特二世购得的土地虽然广阔，但也有缺点：山上的树木被木材公司砍伐殆尽，牧场过度开垦，土壤贫瘠、寸草不生。1888 年，他邀请当时的著名景观设计师弗雷德里克·劳·奥姆斯特德（Frederick Law Olmsted）来为这片土地设计开发规划方案。起初，范德比尔特二世想在他家周围建造一个公园，但奥姆斯特德指出，这里的地形很难实现这个设想。他说服范德比尔特二世采用了一个大胆的

新想法——重建森林，以便让土地恢复到更自然的状态。为了达到这一目的，他们计划在庄园里建造一览无余的河流和山脉景观，在毗邻河流的土地上耕种作物、饲养牲畜，再将其余部分恢复成森林。

———

匠心之作

弗雷德里克·劳· 奥姆斯特德

奥姆斯特德（1822—1903）被誉为美国景观建筑之父，他创造了许多美国顶级的公共花园和公园。他的开山力作是纽约中央公园（New York City's Central Park），而比特摩尔庄园正是他的收官之作。

———

范德比尔特二世对保护现存森林充满热情，而且，这也能使其获得木材。

在奥姆斯特德的建议下，范德比尔特二世雇用了森林管理员吉福德·平肖

精美花园周围的弗伦奇布罗德河谷（French Broad River Valley）

---

① 一位著名的慈善家，他花钱设计并支持纽约市的图书馆、艺术活动和教育机构。他是范德比尔特家族二代掌门人威廉·亨利·范德比尔特的小儿子。

大事记

1888 年

范德比尔特二世在北卡罗来纳州的阿什维尔附近购买土地，打算建造一座宏伟的庄园。

1888 年

奥姆斯特德从纽约坐了 24 个小时的火车来到阿什维尔，开始设计花园和森林景观。

1889 年

范德比尔特二世开始建造比特摩尔庄园，6 年后庄园完工。

1914 年

范德比尔特二世去世。他的妻子伊迪丝（Edith）将比特摩尔庄园 35200 公顷的土地卖给美国政府。这里建立了密西西比河以东的第一个国家森林公园——皮斯加国家森林（Pisgah National Forest）。

1963 年

比特摩尔庄园成为美国国家地标。

越过起伏的草地和茂密的森林，可以看到绝妙的风景

（Gifford Pinchot）来制订森林养护计划。为了给子孙后代创造一片健康的森林，平肖采用了一个采伐和再种植的循环之法——这在当时是美国首例新型森林管理计划。

与此同时，奥姆斯特德也开始潜心于景观设计。在建造这座富丽堂皇的房子时，他从庄园入口到房子建造了一条 5 千米长的引道，他认为这是游人在参观花园体验中不可或缺的一部分。如今，这条引道在森林中蜿蜒穿过，看起来就像是自然形成的。其他植物则按照自然习惯种植：较低矮的树木靠近道路，高大的灌木和树木则在稍远处不规则地分层排列。奥姆斯特德认为，自然风景对放松身心具有巨大的影响，于是他精心规划修建了数千米长的步

道自行车道，这些小径看起来也十分自然。

树木环抱的花园

这座广阔花园的美丽之处在于荒凉的森林地区与屋前修剪整齐的花园完美地融合在一起。奥姆斯特德修完通往房子的引道后，就开始把房子周围 12 公顷的土地变成花园。花园中遍布蜿蜒穿过树木的小径，由此产生的景观形成了一个时间静止的梦幻世界。

规则风格花园的中心是一个园中园，每到 4 月和 5 月，5 万朵郁金香缤纷盛开，像地毯一样。北面的杜鹃园（Azalea Garden）是比特摩尔庄园最大的花园，里面种满了杜鹃花。这些杜鹃花都是庄园

的第一任主管、植物学家昌西·比德尔（Chauncey Beadle）收集的。每个周末，他都会开车穿越美国东南部，收集不同品种和颜色的杜鹃花。在这里，大约有 2 万株植物沿着小径恣意生长，在春天形成超过 100 万朵色彩缤纷的花卉盛放的辉煌景象。

难忘的参观之旅

游人进入比特摩尔庄园时，很难推测这座花园在何处到达尽头，自然景观从何处展开画卷。这正是比特摩尔庄园引人入胜的关键所在。当游人徒步穿越森林覆盖的山脉，漫步在连绵起伏的草地和房子附近精心设计的花园之间时，就会完全沉浸在雄伟的蓝岭山脉（Blue Ridge Mountain）中，与 100 多年前的范德比尔特二世开展一番心灵交流。

1. 杜鹃花为比特摩尔庄园的杜鹃园增添了红色、粉色和橙色的色彩

2. 占据玻璃温室的高大植物

130000

每年 5 月，比特摩尔庄园都会举行一年一度的花卉节，其间点缀在花园里的花卉数量大致有 130000 株。

北美洲，美国

伽娜瓦斯卡莲花园
（Ganna Walska Lotusland）

地点：加利福尼亚州圣巴巴拉市阿什利路 695 号
最佳观赏时间：7 — 8 月，正值水园莲花盛开
规模：15 公顷

　　热带植物、异想天开的花园环境和快乐的特立独行结合在一起，形成了梦幻般的乐土，这就是前波兰歌剧歌手伽娜·瓦斯卡夫人的神奇创作。超过 3000 株引人注目的植物诠释了一位杰出女性非凡的园艺热情。

莲花园里充满非凡的植物收藏，在这里漫步无疑是一种感官享受。创造这样一个独特的植物天堂需要奇妙的想象力，而这正是瓦斯卡最为擅长的。她在 1941 年买下这座庞大的庄园，并宣称，"我就是要拒绝平庸"。莲花园的创意种植风格无疑为她证明了这一点。

创新的设计

　　在过去的 40 年里，瓦斯卡创造了一个华丽的、融合传统和创新的花园。她将各种元素分组，将宁静的水景和有趣的雕塑放置在随意生长的野生植物群中。瓦斯卡并不是实用性的拥趸。相反，她尝试了大胆的植物和不同寻常的色彩组合。

　　这片风景共有 20 多个不同的花园主题。瓦斯卡的第一批项目之一就是在她的粉红色灰泥房子种植了大量高耸的金桶仙人掌（gold barrel cactus）和庄严的大戟肉质植物（Euphorbia ingens）。相比之下，被瓦尔斯卡亲切地称为园艺动物园的绿色雕塑园（Topiary Garden），以修剪整齐的动物造型为特色，从长颈鹿到孔雀都有。与此形成鲜明对比的是，水园在夏天因与花园同名的莲花而变得生机勃勃，令人赏心悦目。

　　瓦斯卡喜欢出人意料的东西，于是要确保她的花园在每一个转角处都能让人看到惊喜和新鲜的东西。在角落里，她开辟了一个日式花园、一个澳式花园，还有一个带有西班牙和摩尔元素的意大利风格花园。伽娜瓦斯卡莲花园是一个极富个性的花园，它的魅力就像创造它的瓦斯卡一样大。

450

这是苏铁花园（Cycad Garden）里的物种数量。苏铁花园是瓦斯卡创建的最后一个花园，她拍卖了她的珠宝才为购置这些稀有植物提供了资金。

1. 莲花盛开的水园

2. 芦荟园（Aloe Garden）中，泉水从一个巨大的蛤壳喷泉泻入鲍鱼池（Abalone Pond）

3. 仙人掌花园（Cactus Garden）中有大量高耸的仙人掌

科斯滕布什国家植物园
(Kirstenbosch National Botanical Garden)

地点：开普敦，纽兰兹，罗兹大道
最佳观赏时间：5—11 月，正值普罗蒂亚木、木百合、帝王花和山艾花期
规模：528 公顷，其中 36 公顷为人工花园，其余为天然森林

科斯滕布什的野生美景和稀有植物多样性与地球上任何地方都不同。在开普敦桌山（Table Mountain）的东坡上，科斯滕布什国家植物园保存、繁殖和展示了一系列仅产于南非的植物物种。

在20 世纪初，当开普敦荒凉的农田被捐赠给南非政府时，当地的植物学家挺身而出，敦促政府建立一个可以保护本地植被的植物园。毕竟，开普敦是世界上生物多样性最丰富的城市之一，20% 的非洲植物都生长在这里，其中包括 200 种其他地方没有的物种。科斯滕布什国家植物园提供了一个难得的机会来展示这些植物。

1913 年科斯滕布什国家植物园开始动工，广阔的灌木丛开始转变为更自然的凡波斯①（fynbos）景观。工人先是清除了侵占土地的非本地树木，然后在植物园中建造了道路、桥梁和建筑物等基础设施。最初，这里种植了一些具有经济价值的植物，如橡树、橄榄、蓖麻。一方面是用于研究，另一方面也是筹集资金，因为政府资金不足，难以维持科斯滕布什国家植物园的正常经营。政府甚至要求植物学会成员和公众捐赠植物。后来，随着资金的增加，植物园的其他部分也陆续建成，包括一些建筑和种植大量帝王花、普罗蒂亚木和艳丽的一年生植物。

匠心之作

帝王花（King Protea）

帝王花是南非的国花，原产于南非。它是所有普罗蒂亚木中最大的一种，常用于插花。科斯滕布什国家植物园的普罗蒂亚木花园（Protea Garden）中有许多帝王花，大多在 6—10 月开花。

园中海拔较低的区域种植了南非本地的植物，与高海拔地区的原生凡波斯植被和森林融为一体。这些自然区域占整个植物园面积的 90%，而耕地仅占 7%。大约

迷人的香樟大道，两旁是常青的香樟（Cinnamomum camphora）

---
① 指南非西开普省的天然灌木林或欧石南丛生的荒野，主要生长在地中海气候带。

7000 种南非本土植物在这里安了家，包括帚灯草、欧石楠和野生栀子花，还有一些濒临灭绝的物种，如南非樟桂（Ocotea bullata）和西开普南非柏（Widdringtonia wallichii）。在靠近主入口的地方，有一个玻璃顶的温室，里面种植着不能在室外生长的植物。比如，看起来像岩石的石生植物，只有在纳米布沙漠①（Namib Desert）才能发现的不寻常的球果植物，以及光彩夺目的核心植物——一棵大猴面包树，这是干旱的卡拉哈里沙漠②（Kalahari）的典型物种。在花园的另一端，本地植物似乎从山上奔涌而来，密密麻麻的叶子令人心潮澎湃。

园中之园

在它诞生一个多世纪后的今天，游人依然会为科斯滕布什国家植物园的奇迹感到高兴。在广阔的景观中，看似无边无际的花园区域由步道网连接起来，供步行者和登山者游览。这条步道被恰如其分地命名为凡波斯步道。人们可以沿着这条小路穿行在开普敦特有的色彩缤纷的植被之间，当然其中最著名的就是帝王花。这是一个可以漫无目的、随意走动的花园，幸运的话，你还可以发现其中隐藏的宝藏。比如，植物园中有一个芳香花园（Fragrance Garden），芬芳的空气沁人心脾；还有一个濒危植物园（Garden of Extinction），在这里有南非近 1500 种濒临灭绝的植物；小溪谷（Dell）是植物园中最古老的部分，长满了蕨类植物和其他喜欢阴凉的植物。

然而，最令人兴奋的区域位于植物园西部，那里种植了超过 450 种南非树种。其中许多植物，如来自南非东部的亚热带地区开普藏红花和一片高大的桃金娘树，都在科斯滕布什国家植物园温暖的北坡上苗壮成长。蜿蜒在植物园上方的是百年树冠步道（Centenary Tree Canopy Walkway），也被称为"非洲树蛇"大道。步道弯曲的

钢铁栏杆看起来就像蛇的骨架，漫步其间仿佛骑在蛇背上冒险。除了这种新奇感，在这里你还可以欣赏到桌山的原始美景和低海拔的花园。

匠心之作

观云

这座标志性的山峰被称为"桌山的桌布"。它经常被云层覆盖，云层从海面上迅速席卷而来，覆盖在桌山平坦的山顶上。同样，须臾之间，云层也能像出现时一样迅速消散。

再往上走，就是一个史诗般的陆地景观——桌山。你可以从科斯滕布什国家植物园内的黑穗草小道（Smuts Track）沿着骷髅峡谷（Skeleton Gorge）徒步上山，这条路从芳香花园附近开始，沿着骷髅小溪（Skeleton Stream），经过一个陡峭的斜坡，因此徒步时需要格外小心。如果天气允许，可以爬上岩石，登上观光梯，在 5 个小时的爬山过程中欣赏令人惊叹的风景，见证大自然最美丽的一面。

历史性的园林

科斯滕布什国家植物园是一座历史悠久的花园。许多古老和具有历史意义的内容都分布在历史遗产步道（Heritage Trail）上，这条 2 千米长的自助路线上设有方向标识和背景介绍。这条路线上最引人注目的一站是范里贝克树篱（Van Riebeeck's Hedge），这是一条本地野杏树（Brabejum stellatifolium）形成的屏障，这些树的树根交织在一起，就像一个魔法森林。1660 年，荷兰东印度公司管理者赞·范·里贝克③（Jan van Riebeeck）在这里种植了这些树，用于标示新开普殖民地（Cape Colony）有

---

① 非洲西南部大西洋沿岸干燥区。是世界上很古老、很干燥的沙漠之一。
② 属非洲南部内陆干燥区，也称作"卡拉哈里盆地"，是非洲中南部的主要地形区。
③ 荷兰殖民地管理人、开普敦发现者。

1. 从树冠步行道欣赏树木上方的景色

2. 漫步在蜿蜒的小径中

① 英国殖民者，南非钻石大王，金融家和政治家。

1. 以桌山为
背景，近处
的芦荟茁壮
成长

2. 欣欣向荣
的圆形苏铁

3. 帝王花

争议的边界。

事实上，与过去和解是这个植物园长远意义的一部分。21 世纪，科斯滕布什国家植物园的重要使命，就是让人认识到，在定居者到来之前，它与生活在这片土地上的人民和植物所具备的联系。因此，在 2003 年，实用植物花园（Useful Plants Garden）在传统治疗师和丛林医生的倡导下开放。园中展示了 150 种叫得上来名字的植物，这些植物通常在南部非洲地区具有广泛的实际用途，包括谷类植物和蔬菜，以及用于工艺品、纺织和染料的植物，还有用于缓解胃痛和治疗感冒等药用的植物。今天，科斯滕布什国家植物园致力于成为所有南非人的财富，编织着那些在这条路上失去足迹之人的故事。

匠心之作

雕塑花园
（Sculpture Garden）

植物园里的雕塑展示了非洲的许多面孔。由津巴布韦艺术家按照修纳人①（Shona）传统创作的曼波②（Mambo）雕塑轮次展出，反映了几个世纪以来主导非洲大陆的精神、传统、当代问题和社会问题。与此同时，南非艺术家迪伦·刘易斯（Dylan Lewis）创作的动物铜器也是对南非野性自然的一种致敬。

① 修纳人主要生活在现代的津巴布韦，也有一些生活在博茨瓦纳、赞比亚和莫桑比克。修纳人在津巴布韦的数量在 400 万~500 万，另外 50 万人住在附近的国家。
② 伏都教女祭司。

1. 旧谷仓周围
不规则的种植

2. 圆形的花
丛与艳丽的多
年生植物形成
对比

羽毛花园
（Le Jardin Plume）

地点：诺曼底塞纳河畔欧祖维尔斯特拉斯堡街 790 号
最佳观赏时间：6 月下旬为夏季植物节；9 月中旬为秋季植物节
规模：2.8 公顷

法国羽毛花园是法国古典园林设计的一张名片，现代感十足。野生羽毛般的植物在一个有趣的龙背式树篱、无可挑剔的植物园和极简主义果园绿洲的结构中自由生长，深深吸引着来自世界各地的游人。

在鲁昂郊外平坦开阔的平原上，请留意那些手绘的箭头，它们会指引你离开公路，进入羽毛花园那与世隔绝的花园宇宙。从你到达的那一刻起，就会被半木质结构的法国农舍及其富有想象力的种植风格所包围。规则元素和不规则元素之间的碰撞是这里设计和种植的根源。

思想的花园

羽毛花园是帕特里克（Patrick）和西尔维·奎贝尔（Sylvie Quibel）夫妇合作的作品。他们吸取了路易十四时代的著名景观设计师安德烈·勒诺特尔（原文第 12 页）和美国自然主义设计大师沃尔夫冈·奥米（Wolfgang Oehme）和詹姆斯·范·斯维登（James van Sweden）的灵感，创建了一个花园。他们的花园及其各个分区充满了强烈的对比和极端的碰撞，巴洛克风格原则在这里被转换成狂野而现代的梦幻景观。

在中心地带的果园（Orchard Garden），这对夫妇把农舍以前的果园和牧场都改造成大片的苹果树林。整齐的宽阔小路通向一个开阔的菱形广场，早春的球茎植物和野花竞相开放。在草坪旁边，也有一些未经修剪的草地被放任不管，纵其荒芜。园中有两个倒影池，可供游人欣赏水天一色的美景。倒影池周围长满了草，一到秋天，这些草就长势疯狂。右边的羽毛花园（Feather Garden）里，波浪起伏的黄杨木树篱隆起的树冠映衬着花朵和羽毛形状的草地，这也是羽毛花园得名的原因。从远处看，很容易把附近的夏园（Summer Garden）误认为是传统的箱形花坛。再走近一点看，每一个修剪得整整齐齐的箱形树篱里，都盛开着令人眼花缭乱的黄色、红色和橙色花朵。有序与无序在每个细节之处都完美地融合在一起。

羽毛花园以季节为主题，每个区域都像是镶嵌在几何造型的树篱中的植物百宝箱，也是名副其实的设计大杂烩。这种组合方式很容易出错，但在羽毛花园这样一个限制和自由和谐统一的花园中，这一切都是完美的。

高大、稀疏的多年生植物与草坪和
标志性的波浪形树篱相映成趣

特罗姆瑟北极高山植物园
（Tromsø Arctic-Alpine Botanic Garden）

地点：特罗姆瑟斯戴克沃维根（STAKKEVOLLVEGEN）200 号
最佳观赏时间：4 月，可以欣赏第一朵破雪而出的花；6 月，可以在极昼下漫步于盛开的花朵之间
规模：1.6 公顷

特罗姆瑟北极高山植物园是世界上最靠北端的植物园，以其难驯的野性和意想不到的种植为亮点，在坚硬的岩壁上培育出充满活力的优雅花朵。只有在冰冷、崎岖的裂缝中，这些不同寻常的植被才能茁壮成长。

如果世界上有哪个花园可以在极端的气候条件下运营，那一定就是特罗姆瑟北极高山植物园。它坐落在挪威北部闪亮的峡湾和白雪覆盖的山峰之间。尽管特罗姆瑟位于北极圈内，但它并不完全是北极气候，这才使得这里的植物得以开花。它享受着明亮的夏夜和极昼的阳光，以及冬天极夜的黑暗。但由于墨西哥暖流的缓解作用，这里的气候更加温和，使特罗姆瑟北极高山植物园里花卉的生长季节比预期的长，可以从 5 月持续到 10 月。

贫瘠与美丽

特罗姆瑟北极高山植物园曾经是汉辛·汉森（Hansine Hansen）老师的农田。在去世之前，她把这份财产赠予了公众用于教育。1994 年，特罗姆瑟大学（Tromsø University）在原址上开设了一个独立于世的花园，培育北极植物。花园没有围栏，巨石墙、砾石路和石头雕塑将其划分为不同的植物种植区，让人想起这 2000 多种植物起源地的荒荒地形。

靓丽景观的点睛之笔是最高处的岩石花坛，就坐落在花园南部边界的山脊上。为了最大限度地扩大植物栖息地，植物学家在山脊较温暖的一侧种植了诸如黄色的巴塔哥尼亚（Patagonian）垫状植物等物种。北极物种主要种植在山脊较冷的一侧。这里栖息着欧洲濒临灭绝的斯瓦尔巴毛茛（Ranunculus wilanderi），它们一簇簇茂密的花蕾仿佛是从冰冷的石头里冒出来的。它们也是花园鼓舞人心主题的最好诠释——无论地形多么崎岖、气候多么严酷，顽强的生命都能在这片土地上茁壮成长。

700

这个数字是挪威北部大型传统花园中的植物数量，它们全部来自该地区的古老花园，包括暗红色的子叶虎耳草（Saxifraga cotyledon），它也是挪威的国花。

1. 为高山植物提供"粗糙画布"的坚硬地貌

2. 从岩石中生长出来的山地植物和高寒植物

3. 花坛中令人眼花缭乱的鲜艳花朵

北美洲，美国

沙漠植物园
(Desert Botanical Garden)

地点：亚利桑那州凤凰城北加尔文大道 1201 号
最佳观赏时间：春季最佳，仙人掌和野花盛开；盛夏可能会酷热难耐
规模：56 公顷

在索诺拉沙漠（Sonoran Desert）中，沿着蜿蜒小径穿进一个超现实世界——仙人掌保护区。这种拥有毛茸茸的黄花仙人掌、蛇形的蔓仙人掌和亚利桑那州标志性的树形仙人掌，充满灵性、未经开垦的原始旱生绿洲与这片荒凉的沙漠形成强烈的对比。

在20 世纪 30 年代，瑞典植物学家古斯塔夫·斯塔克（Gustaf Starck）在自家门外张贴了一张"拯救沙漠"的标语，于是一群富有远见的仙人掌爱好者就联合起来做了这件事。斯塔克和当地名媛格特鲁德·韦伯斯特（Gertrude Webster）率先创建了一个植物园，以保护大片沙漠免遭城市侵吞。他们为世界留下了 5 万多种旱生植物——如今这些植物适应了长期的极端高温和干旱，依然生命力旺盛。

见证奇迹

沿着植物园的 5 条主题循环步道中的任何一条，都很容易对沙漠风景产生新的敬畏之情。这里不仅长满了风滚草[①]，而且处处洋溢着大自然的光辉。迷人的奥特森入口花园（Ottosen Entry Garden）将索诺拉仙人掌和多肉植物点缀在 3 个上升的景观露台花园中，为更狂野的植物园体验创造了条件。植物园里的每一个花园都铺设了一条小路，让人联想到石头和沙漠植物的独特组合，比如刺梨、管风琴仙人掌、桶形仙人掌和红仙人掌。再往植物园里走，是最令人兴奋的 400 米长的索诺拉沙漠自然环线步道，环绕着当地原始的景观。在这里，仙人掌

家族达到了多样化的顶峰。管风琴仙人掌和笨重而罕见的树形仙人掌直直地伸向天空。如果你蹲下近距离观察地面，可能还会发现一株只有 5 厘米高的枕形仙人掌。

缤纷的色彩

除了各种各样的植物，沙漠植物园还以其美丽的色调给人惊喜。冬雨过后，它绽放出缤纷的色彩，到了春天又有野花遍地盛开。蜜蜂在盛开的黄色花朵中采集花粉，蜂鸟在仙人掌丛中飞来飞去。

186

沙漠植物园里拥有世界上已知的 212 种
龙舌兰，这里即使不是世界上最大的龙舌兰
基地，也是美国最大的龙舌兰种植园。

紫色的羽扇豆、粉红色的紫花钓钟柳、橙色的加利福尼亚罂粟和红色的蜂鸟花覆盖着沙漠的地面。沙漠野花环形步道（Desert Wildflower Loop Trail）全长 500 米，沿途开满野花，还有开花的索诺拉仙人掌和树木。从这里的植被就能够看

---

① 生长于北美和澳洲沙漠地区，秋季在地面处折落，随风像球一样到处滚动。

1. 开花的刺梨

2. 开着一簇簇钟形花朵的丝兰

3. 植物园远处隐约可见的群山

相关推荐

卡鲁沙漠国家植物园
(Karoo Desert
National Botanical
Garden)
非洲，南非

园中拥有大量南非多肉植物，尤其是非洲冰花在春天盛开。

汉廷顿沙漠花园
(The Huntington
Desert Garden)
北美洲，美国

这座帕萨迪纳市（Pasadena）内的植物园是世界上较古老、大型的沙漠植物园。

1. 长出新花苞的紫色刺梨（仙人掌属）

2. 一株白色的火炬仙人掌盛开的美丽花朵

出奇瓦瓦沙漠（Chihuahuan）、莫哈韦沙漠（Mojave）和大盆地沙漠（Great Basin desert）开花植物的美丽和多样性。

夜晚的沙漠

随着气温降低，夜幕降临，沙漠植物园便呈现出另一种特色。蝙蝠、飞蛾和其他夜间活动的动物纷纷从藏身之处出来，因为夜间盛开的豆蔻、月光掌、管风琴仙人掌和巨山影掌开的花在空气中散发出美妙的香味。沙漠植物园夜间依然开放，吸引着游人流连忘返，他们可以尽情欣赏日落以及短暂黄昏时的沙漠魅力。随后，植物园的照明设施开始工作，仙人掌和多肉植物看起来仿佛幽灵一般。在11月和12月，有一个传统节日——"发光之夜"（Las Noches de Las Luminarias），小径两旁排列着发光花袋，就像夜空中的星星一样闪烁耀眼。在夏天，游人在"手电筒之夜"（Flashlight Nights）用手电筒照射夜间开花的植物和动物，也照亮了奇妙的动植物群落。这些动植物群落证明了沙漠植物园是一个野生、干旱，但生命力极其顽强的景观。

沙漠露台花园(Desert Terrace Garden)里,高大的仙人掌在桶形仙人掌、黄花仙人掌和丝兰后面

欧洲，瑞士

托马斯西亚高山花园
（La Thomasia）

地点：沃州贝克斯河畔上游南特山谷
最佳观赏时间：6—8月，繁花锦绣
规模：1.2 公顷

在托马斯西亚高山花园，自然的野性与瑞士的精准和谐共存。这座高海拔花园坐落在一个高山牧场上，俯瞰着高耸的山峰，可以一览世界各地的高山植物群。无论是日本、加拿大还是尼泊尔的高山植被，都可以在瑞士得以一见。

在参观托马斯西亚高山花园时，游人可以俯瞰毗邻南特山谷（Nant valley）的大穆维兰山脉（Grand Muveran mountain），不难想象人们为什么曾经对阿尔卑斯山（Alps）未经开垦的荒野充满敬畏。然而，到了 19 世纪，这种畏惧变成了骄傲：随着对阿尔卑斯山的测绘和开发，1891 年，贝克斯镇政府决定建立一个高山花园，以展示这段山脉的美丽。

活的博物馆

当地植物学家恩斯特·威尔切克（Ernst Wilczek）负责开发这座花园。他的理念是设计一个世界高山植物群的微型群落，把植物种植在假山上，每一座假山都代表一处不同的山区。一条小溪在它们之间蜿蜒流动，平静的溪流被附近的阿旺松－德南特河（Avançon de Nant river）汹涌的水流吞没。在周边地区，自然生长的植物和人为选定的植物混淆在一起，于是

很难看出设计者意图以哪里为边界，大自然又在哪里继续发挥"魔力"。花园不到一半的面积都被云杉森林所覆盖，因为人们不希望支配或驯服自然环境，而是希望与之和谐相处。这是威尔切克率先提出的方法，他希望这座花园不仅仅是一个旅游景点。他通过种植雪绒花（Edelweiss）等濒危物种，对其进行科学研究，并测试了某些食物来源物种在高海拔地区的生长能力。今天，托马斯西亚高山花园继续从它所在的环境中汲取养分，告诉我们为什么不应该惧怕高山荒野，而是应该尊重和保护它。

1260

托马斯西亚高山花园的海拔高度 1260 米，由于毗邻大穆维兰山脉，于是形成了十分有益高山植物群生成的独特小气候环境。

花园坐落在大穆维兰山脚下，可以欣赏南特山谷的美丽景色

"植物是我们国家自然历史的历史文献，应该像老建筑一样得到保护。"

——恩斯特·威尔切克

浪漫的紫藤覆盖在
中世纪的废墟上

欧洲，意大利

宁法花园
(Giardini di Ninfa)

地点：拉齐奥奇斯泰尔纳迪拉蒂纳宁法街 68 号
最佳观赏时间：花园只在 3 — 11 月的特定日子对公众开放，4 — 5 月上旬是玫瑰、
紫藤、鸢尾花和野花盛开的最佳时节
规模：8 公顷

　　郁郁葱葱的植物在中世纪小镇宁法摇摇欲坠的废墟上生长，使这里成为意大利浪漫的花
园——这种说法虽然有些绝对，但确实很难反驳。

漫山遍野的玫瑰，芳香的紫藤，开满野花的草地，一条清澈见底的河流流过这片土地——所有这些元素集中在一个破败的中世纪小镇里。摇摇欲坠的墙壁上满是太阳炙烤干裂的缝隙，墙缝中杂草丛生，蜥蜴在那里寻找阴凉。没有其他地方像这里一样，将古代建筑的魔力与大自然的丰富多彩结合在一起。从荒凉的石头废墟到波光粼粼的溪流，一切都恰到好处，给人一种大自然主宰一切的壮丽荒野印象。

毁于一旦

　　14 世纪早期，宁法是一个重要城镇，城中有城堡、教堂、塔楼、市政厅，以及将近 2000 名居民。到了 14 世纪末期，也就是 1381 年，宁法被雇佣兵洗劫一空，沦为一片被沼泽包围的废墟。教皇圣卜尼法斯（Boniface）在 1297 年赐予贵族卡埃塔尼（Caetani）家族的土地很快就变成一座杂草丛生的鬼城，逐渐被世人所遗忘。直到 600 年之后，宁法才从沉睡中被"唤醒"。

1000

尼法河的流速可以达到 1000 升/秒，这就为当地的温带植物创造了一个适合生存的小气候环境，否则这些植物无法在意大利的地中海气候中生存。

家族遗产

　　在一个古老的地方建造一个自然主义

1. 俯瞰花园的山顶城镇诺玛（Norma）

2. 被鸢尾花、马蹄莲、老鼠簕和玫瑰环绕的河流

3. 玫瑰点缀下的宁法

花园时，通常会遇到许多难以调和的冲突，比如，如何既保持城镇古往今来的废弃风貌，同时又展现重建和修复的风采。在建造花园的过程中，到底应该对小镇保留多少，改变多少？这个尺度最终还是要由卡埃塔尼家族来决定。

20世纪初，格拉西·卡埃塔尼（Gelasio Caetani）王子和他的母亲、英国贵妇人阿达·布托尔·威尔布拉罕（Ada Bootle-Wilbraham）开始清理和修复宁法的古老桥梁和摇摇欲坠的建筑，其中包括该地区的主要住宅——前市政厅。他们修葺了一些已经破败不堪的东西，从一潭死水中开凿了运河和小溪。

这些只是改造宁法的第一步。格拉西的哥哥罗夫雷德（Roffredo）和嫂子玛格丽特（Marguerite）随后也加入了这项工作。他们的分工是，罗夫雷德负责花园的设计、建造和维护，玛格丽特则在花园里种植她喜欢的植物。罗夫雷德和玛格丽特的儿子卡米洛（Camillo）是庄园的继承人，但他死于第二次世界大战，后来他的妹妹莱拉（Leila）和她的英国丈夫休伯特·霍华德（Hubert Howard）接管了庄园。他们使它更接近于我们今天看到的梦幻般的英式景观花园。

劳罗·马切蒂
（Lauro Marchetti）

卡埃塔尼信托基金会现任负责人劳罗·马切蒂是宁法花园华丽变身的主导之人。现在他已经年逾70，但他从小就在这里工作，当年他还是休伯特·霍华德和莱拉·卡埃塔尼的家丁。他对宁法的树木和植物如数家珍，对每一种生物的特征都了如指掌。

当然，没有一个花园是真正完全自然的。宁法花园柔和、浪漫的英式氛围无论是看还是感觉，都是毫不做作的，因为设计师对它进行了无比精妙的布局和安排。但有一点是肯定的：这里的百年老树和古老的白墙被完全保留了下来，为攀爬类植物和藤蔓提供了支撑，让这些植物能够继续享受曾经的攀爬乐趣。

高线公园
(The High Line)

地点：纽约西切尔西肉库区

最佳观赏时间：秋天，正值金色的草原和谷粒最迷人的时候

规模：375 公顷

这里曾经是一座废弃的铁路高架桥，面临着即将被拆除的命运。现在，这里是一座高线公园和空中铁路步道，带领游客穿过一系列自然主义花园、高耸建筑和大胆艺术的梦幻后工业景观。

一条宽阔的楼梯，两侧是巨大的铆接大梁和横梁，标志着高线公园最南端的入口，就坐落于现在纽约市时髦的肉库区甘斯沃特街（Gansevoort Street）。这不是普通的楼梯，它的设计非常有深意，台阶高度较低，但是阶面很长，这样就可以让你不自觉地放缓步伐，慢慢地来到等待着你的植物仙境。

当你到达顶部的玻璃栏杆时，就已经到了高线公园。高线公园的高度相当于城市的三层楼高，躲在甘斯沃特林地（Gansevoort Woodland）宜人的树荫下。从这里开始，一条铺着木板的混凝土小路通向一片宁静的白色多茎桦树丛，这些白色多茎桦树从生锈的钢轨木枕之间笔直地伸出来，钢轨间点缀着莎草和蕨类植物。春天，这片蜜香扑鼻的林地因早开的灌木，如山茱萸、唐棣和紫荆，而令人目不暇接。如果你选在秋天参观，就会幸运地欣赏到树叶变成各种色调的金黄色、深朱红色和铜色——这是你绝对不想错过的彩色盛宴。

当然，这不是一片普通的林地。透过树木向上一瞥，就能看到惠特尼美国艺术博物馆（The Whitney Museum of American Art）的悬臂钢结构。进入华盛顿草原和林地边缘（Washington Grasslands and Woodland Edge）时，你的视野会突然开阔，360 度全景尽收眼底，近处是曼哈顿的天际线，西边是哈德逊河（Hudson River）。

匠心之作

高线效应

高线公园的成功改造引发了一波建筑创新浪潮，一些世界顶尖建筑师的建筑现在就位于公园两侧。弗兰克·盖里[1]（Frank Gehry）、扎哈·哈迪德[2]（Zaha Hadid）、伦佐·皮亚诺[3]（Renzo Piano）和托德·谢里曼[4]（Todd Schliemann）等人的作品令人惊叹连连。

---

1. 沿着高架步道漫步

2. 一条绿色的"河流"流经城市

3. 紫锥菊和羽毛草在混凝土之间生长

---

[1] 当代著名的解构主义建筑师，以设计具有奇特不规则曲线造型雕塑般外观的建筑而著称。
[2] 伊拉克裔英国建筑师。2004 年普利兹克建筑奖获奖者。
[3] 意大利当代著名建筑师。1998 年第 20 届普利兹克奖得主。
[4] 知名建筑大师。

"高线公园旨在营造一种狂野和浪漫的感觉。与此同时，它邀请人们以不同的方式参与园艺，教他们从另一个角度来看待花园。季节性和过程是这里的关键。"

——景观和园艺设计师，皮特·欧道夫（PIET OUDOLF）

纽约故事

高线建于 1934 年，作为一条高架货运铁路线，服务于曼哈顿西区，取代了一条安全记录不佳的街道铁路线。高线上的火车将奶制品、肉类和农产品等货物运送到南北线沿线的工厂和仓库。这条铁路运营了近 50 年，直到卡车运输业的兴起才迫使其消亡。

这座巨大的混凝土和钢结构被遗弃了 20 年。在这段时间里，"自然之手"控制了这里。杂草种子从河对岸飘来，把原本的铁路高架桥变成了城市野花的秘密绿洲。2000 年，纽约摄影师乔·斯坦菲尔德（Joel Sternfeld）为《纽约客》（The New Yorker）撰写了一篇经典的摄影文章，捕捉到了这个被遗弃角落的奇异之美，也将大家的目光吸引到了这里。

当地居民向政府施加压力，要求拆除这座铁路高架桥，但社区有两名成员对此看法不同。1999 年，约书亚·大卫（Joshua David）和罗伯特·哈蒙德（Robert Hammond）组建了非营利组织"高线之友"（Friends of the High Line），试图挽救这座建筑。在赢得当时即将上任的市长迈克尔·布隆伯格（Michael Bloomberg）的支持后，该组织于 2004 年发起了一场国际设计竞赛，目的是将这座铁路高架桥改造成一个供所有人游玩的公共花园。

简单、原始、安静、缓慢

最终的获奖作品并没有试图改变高线铁路。恰恰相反，设计的目的是保留高线结构的精神意义和完整性，其灵感完全来自其现有的条件。这是詹姆斯·科纳景观设计事务所（James Cormer Field Operations）、DS+R 建筑事务所（Diller Scofidio+Renfro）和荷兰园艺设计师皮特·欧道夫的合作项目。他们的目标是打造一个节奏缓慢的公园，用绿植和铁路轨道来纪念这个地方。在这个过程中，他们开发出一种景观语言，灵感来自铁路的形式和功能，从方方面面影响了整个硬景观的设计，比如不使用长椅而是采用了类似凸起枕木的造型座椅，还有重新修复的钢质护栏。

要实现这个设计需要移除所有现有元素，包括铁路轨道。不过，这些铁轨后来又被恢复到原来的位置。为了建造步道，他们按照铁轨的长度安装了混凝土板。植物穿过轨道，逐渐稀疏，以此来唤起原始空间的野性。3 年后，高线公园第一期于 2009 年向公众开放，并继续分期扩建，以惊人的方式不断扩展。改造过程逐步开展，每一步都为游人带来新的视觉效果。最终，我们得以在地球上繁华的城市中感受野生、自然。这就是高线公园的意义所在——在一个拥有 850 多万人口的城市中，与自然发生一次升华邂逅。

9000000

平均每年有 9000000 名游客来高线公园游玩，它已经成为纽约市非常受欢迎的景点。

草场上的野花在傍晚的阳光
下闪闪发光

城市绿洲

无论是室内的一株绿植还是窗台上的一个花箱，又或是附近的一个庭院或一片林地，总会有一片绿色，可以让你开心地称之为自己的秘密领地。这难道不是花园最大的好处吗？因为它们能给我们带来简单的快乐。没有什么比看着窗台上的仙人掌慢慢生长、培育一株番茄，或者每天午餐时间在小路尽头的花园里倾听鸟鸣更能让人快乐的事情了。

在有限的条件下工作

不管是在世界上一块很小的地方还是在发达的城市，植物和花卉总是占据城市环境的一席之地。花园不一定要扎根于土地，它们经常从看似最不可能的地方拔地而起。比如，普通人看到的是一个废弃的破旧水库，可园林设计师看到的却是一块城市绿洲的创意画布，可以让疲惫的游人在这里放松休息。如果有一片闲置的屋顶，设计师就会先开垦它，再用植物和水景丰富它，进而与下面街道上熙熙攘攘的声音隔离出一个宁静的世界。若是一栋玻璃幕墙的办公楼，设计师就会打造一个垂直的花园，既有视觉上的冲击力，又可以安置一些长凳，邀请人们在常青树丛中愉快地交谈。那么，如果是一个巨大的机场呢？当然是在机场中心设计一个震撼人心的喷泉瀑布，周围再种上各种树木，修筑穿梭其中的优雅小径。城市规划者和景观设计师已经向我们证明，哪怕是在密集城市中心的钢筋和混凝土结构中，也完全能创造出符合自然环境的美好景观。

绿色需求

大自然也有将不同物种聚集在一起的力量。柏林非常受欢迎的花园之一就是一个自由的物种空间，当地人在这里种植蔬菜和草药。这个美丽的花园可能是这座城市里最独立的存在。它却给住在城市小公寓里的众多人带来了十足的快乐。在哥伦比亚也是如此，麦德林（Medellín）的一个植物园变成了野餐者以及乌龟和鬣蜥等动物的公共领地。

更奇妙的是，除了肉眼可见的美景，花园还能保护城市的生物多样性，冷却空气，甚至抑制颗粒物污染。的确，还有什么是花园不能为我们做的呢？它们为我们提供巨大的快乐源泉、净化空气，让我们惊叹于它们有在最不可思议的地方茁壮成长的神奇能力。

马约尔花园

摩洛哥

帕洛阿尔托花园

西班牙

北杜伊斯堡景观公园

德国

麦德林植物园

哥伦比亚

东圣邓斯坦教堂公园

英国

帕丁顿水库花园

澳大利亚

星耀樟宜机场

新加坡

公主花园

德国

福冈屋顶花园

日本

华沙大学图书馆屋顶花园

波兰

非洲，摩洛哥

马约尔花园
(Jardin Majorelle)

地点：马拉喀什，伊夫圣罗兰街
最佳观赏时间：四季皆宜，如果你想避开酷暑，4—5 月和 9—11 月最佳
规模：1 公顷

在马约尔花园，色彩就是一切。在马拉喀什新城中心，五彩缤纷的花卉与深蓝色的天空背景交相辉映，让人们从城市里令人窒息的高温和狂热中找到喘息之机。走进这座花园，就像进入一片终极沙漠绿洲。

马约尔花园是世界上著名的花园，它的色彩鲜艳得只靠惊鸿一瞥就会让人产生深刻印象。当你了解到这片绿洲是一位杰出艺术家的作品时，就会觉得它的美丽理所当然。法国画家雅克·马约尔（Jacques Majorelle，1886—1962）于 1917 年来到马拉喀什。他发现自己深受这座城市的吸引，于是在此购买了一块土地，并修建起不朽的遗产——一个现代主义风格的画室，旁边是一个郁郁葱葱的花园，也就是现在以他的名字命名的马约尔花园。

用植物作画

这座花园融合了马约尔的两大爱好，绘画和种植。这座花园既不是伊斯兰风格，也不是法式风格，而是融合了世界各地的不同风格。涓涓细流的水池、喷泉和水道，灌溉着土地又舒缓着游客的感官。阴凉的竹林让人产生一种异样的美感，景观尽头是一个百合池，池边是盛开的三角梅，这一景象与莫奈花园有着异曲同工之妙。在水池另一边的仙人掌花园里，带刺的植物标本呈现出奇特的形状。马约尔大胆使用了钴蓝色——现在被称为马约尔蓝——俘获了园艺爱好者的心。无论是温暖还是凉爽，这里都是高耸的仙人掌、棕榈树和周围热带花卉的完美背景。

马约尔的愿景永存

法国时装设计师伊夫·圣罗兰（Yves Saint-Laurent，1936—2008）是这座花园的众多爱好者之一。在马约尔去世后，花园陷入年久失修的状态，圣罗兰便和他的搭档皮埃尔·贝杰（Pierre Bergé）一起买下它并加以修缮。今天，在我们看到的经过精心修复的花园中，明艳的色彩仍然无处不在——明黄色的花盆、深蓝色的画室，还有装饰成红色的蜿蜒小路，以匹配这个城市绿洲中蓬勃"红色城市"的破旧黏土建筑和城墙。

1. 花园入口处的彩色细节

2. 雅克·马约尔醒目的蓝色画室

3. 橘树排列在铺着瓷砖的步道上

相关推荐

香颂秘密花园
（Le Jardin Secret）
非洲，摩洛哥

香颂秘密花园分为异域风情花园和伊斯兰花园两部分，是马拉喀什市中心另一处隐秘的城市绿洲。

索罗拉花园
（Joaquín Sorolla's Garden）
欧洲，西班牙

印象派画家华金·索罗拉（Joaquín Sorolla）在马德里的花园以阿卡萨城堡（Alcázar）和阿尔罕布拉宫周围的阿拉伯花园（见第58页）为灵感，与其作品中的丰富色调遥相呼应。

一丛丛粉色
和紫色的三
角梅点缀着
爬满藤蔓的
墙壁

帕洛阿尔托花园
(Palo Alto Garden)

地点：巴塞罗那佩莱尔街 30~38 号

最佳观赏时间：每月的第一个周末，届时帕洛阿尔托市场会有大量手工艺品摊位和食品摊在街区展示

规模：花园面积约 0.3 公顷；植被面积（包括水平面积和垂直面积）约 0.4 公顷

　　巴塞罗那时尚的波里诺区（Poblenou）有一座 19 世纪的纺织厂，在经过精心的修复后焕发出新的光彩。它的庭院花园具有高超的艺术性，种植了许多植物，令人目不暇接。这是一个充满活力的绿色花园，展现出设计师丰富的创造力。

　　如今，看着绿意盎然的植被墙壁，我们很难想象这里曾经是一个破旧肮脏的废弃工厂。西班牙艺术家哈维尔·马里斯卡尔（Javier Mariscal）策划了修葺方案，在 20 世纪 80 年代将它改造成一个拥有独立设计工作室的创意中心。随着其他艺术家开始进行空间布局，马里斯卡尔将注意力转移到破败的庭院。他请景观设计师约瑟普·费里奥尔（Josep Ferriol）来打造一个迸发创造力的花园。秉承"绿色、生命"的简洁理念，费里奥尔精心设计出这座城市迷人的休闲好去处。

蓬勃的生命力

　　老工厂是棕榈树、蕨类植物和榕树的天堂，它们的每一丝纹理都是视觉大片。这不是一个花圃规则排列或边界清晰有序的花园，而是一个奇思妙想的蜿蜒小路集合体，到处都是隐秘的角落和浓荫遮蔽的凉亭，可以让你悠闲地信步探索。藤架上爬满了藤蔓，春天的空气中弥漫着橙花的芬芳，金色的锦鲤在小池塘里慵懒地徜徉。

　　走在花园里，仿佛就进入了一个远离外界喧嚣的独立世界。在这里，寂静的氛围引人遐想，身边弥漫的色彩、形状和气味都会点燃游客的想象力。帕洛阿尔托花园的生物多样性也十分丰富，拥有 200 多种植物，于是，厚重墙壁内的空气都比外面的更凉爽、更清洁。对于这座城市和这里的市民来说，它无疑是一个辉煌耀眼的绿色角落。

匠心之作

智能传感器

　　智能城市工具包（Smart Citizen Kits）由帕洛阿尔托基金会（Palo Alto Foundation）和巴塞罗那微观装配实验室（Fab Lab Barcelona）于 2012 年创建，用于监测空气质量、噪声污染和其他可持续发展的关键标准，通过收集数据帮助改善地球环境。

北杜伊斯堡景观公园
(Landschaftspark Duisburg-Nord)

地点：杜伊斯堡埃姆切萨夫斯 71 号
最佳观赏时间：夏季或全年的周末均可，夜晚的灯光表演壮观优美
规模：230 公顷

这座曾经的炼钢厂现在是一处华丽的景观，市民都喜欢来这里享受宏大的公园、开阔的草地和秀丽的水景。5 号高炉就像是这座花园的守护者，它也曾经是一个令人难忘的"重工业巨人"，屹立在德国的鲁尔区。

进入北杜伊斯堡景观公园的大门，你的目光就会被这座 72 米高的 5 号高炉所吸引，它就像一座工业世界的大教堂，高耸矗立在园区。3 根混凝土烟囱标志着曾经蒂森钢铁厂（Thyssen Steelworks）和煤厂的核心，但是，自 1985 年以来，该工厂一直处于关闭状态。

设计师团队发挥了非凡的创造力，才把这里改造成一块公共绿地。该项目由德国建筑师彼得·拉茨（Peter Latz）团队主持，其理念是既要保持现有结构的完整性，又要以意想不到和富有想象力的方式重构景观。最终，设计师团队打造出一个引人入胜的工业风格巨作。

高炉遗址现在是一个工业仙境，花园、水景和草地点缀其间。游人可以参观古老的铁炉、涡轮机、控制室和观景台。混凝土掩体现在变成了攀爬植物的乐园。古老的煤渣铁路路基连成路网，通向金属广场

的文化中心。以前的储油罐被改造成储水罐（Gasometer），也是欧洲最大的室内水肺潜水地点，里面甚至还有一艘沉船。

自 2002 年对外开放以来，北杜伊斯堡景观公园完全颠覆了人们对于公园就是美丽绿地的传统观念。它启发了德国和世界各地的工业振兴项目，重新利用工业历史上的荒废"幽灵"，为它们铺就一条充满活力、更加可持续的未来之路。

匠心之作

植物治理

在这里，设计师团队将植物作为自然界治理污染土壤和水道的有效手段。植物治理是指利用绿色植物及其相关微生物，通过其根系过滤土壤和水域中污染物的过程。

1. 大自然再造
了原钢铁厂的
工业遗迹

2. 站在 5 号
高炉瞭望塔眺
望图

南美洲，哥伦比亚

麦德林植物园
(Jardín Botánico de Medellín)

地点：麦德林 73 号街 51 号，D14 区块
最佳观赏时间：8 月正值麦德林一年一度的花卉节，届时将举办壮观的兰花展
规模：13 公顷

麦德林植物园就是哥伦比亚丰富的生物多样性的典型缩影。在那里，城市居民与蠕蚓、蝴蝶和数千株兰花一起沐浴在自然景观中。只要进入这座植物园，你就会感觉城市的脚步慢了下来。

自 1913 年麦德林市政府开辟独立之林（Forest of Independence）以来，麦德林植物园所占据的土地一直是这座城市的公共活动中心。这个巨大的公园不仅保存了当地的植物物种，还为当地人提供了娱乐场地，他们可以在湖上划船或是在球场上打网球。过了 50 年，这座公园开始衰败，直到 1968 年才迎来转机。这一年，麦德林当之无愧地被选为世界兰花大展（World Conference on Orchids）的主办城市，因为哥伦比亚拥有 4270 种已知兰花，比其他任何国家都多，将这座荒凉公园恢复成新的绿色空间意义非凡。1972 年，麦德林植物园正式向市民开放并举办花卉展。

热带风情

这座植物园为麦德林这座哥伦比亚第二大城市增添了急需的绿色气息。作为一个自然展厅，其庞大的收藏被划分为无数个区域：一个展示湿地自然生态系统的湖泊；一个展示耐旱植物风姿的沙漠地区；还有一个展现纤细物种之美的棕榈树花园。然而，其中最引人注目的还是冬卡特莱兰蜂巢景观亭（José Jerónimo Triana Orquideorama）。

100

在麦德林植物园中苗壮成长的本地棕榈种类多达 100 种，包括世界上最高的棕榈树——高达 61 米的金迪奥蜡棕榈树（Quindío wax palm）。

这座巨大的蜂窝状结构作为植物园

令人惊叹的入口，庇护着喜欢遮阴的兰花、凤梨、食虫植物和蕨类植物，它们都栖息在10根钢架螺旋形成的树干底部。这些"树"像一束高高飞起的花朵，顶部向外绽放露出六边形的花瓣。走在蜂巢景观亭下方，会让人产生一种漫步在阴凉的热带森林之感，条形硬木制成的格子顶棚将整个树干包裹起来。阳光和雨水透过顶棚渗透下来，就像从森林的树冠洒下来一样，滋养着下面的绿植。晚上，地面上的射灯照亮蜂巢景观亭的树状结构，其效果美轮美奂。

植物多样性

麦德林植物园无疑是哥伦比亚丰富生物多样性的一张名片。蜂巢景观亭的南端汇入博斯克热带雨林（Bosque Tropical），该雨林汲取了一片山地热带森林的灵感，它是哥伦比亚十几种不同的雨林类型之一，非常适合麦德林植物园1500米的海拔高度。一条木栈道沐浴在明媚的阳光下，在多层丰饶的植物之间穿梭蜿蜒。地面上，下层植被主要是凤梨和树蕨；在上层，森林的树冠和树梢像巨大的雨伞一样融合在一起，让游人的目光从安第斯（Andean）市中心延伸到远方。空气凉爽潮湿，鸟鸣婉转，悠荡于山水间。在这里仰望天空，你会感到自己的渺小，心中升起对大自然的敬畏之感。

纸板棕榈

麦德林植物园保护着24种泽米属植物，这是一种濒危的蕨类植物，类似于古老的苏铁。大多数泽米属植物生长在潮湿的热带栖息地，但它们的适应性很强。鳞秕泽米（Zamia fufuracea），或称"纸板棕榈"，结实、生长迅速、耐阳光、耐热又耐寒，很适合在室内或花园中种植。

在热带森林之外，一片长满青草的小山丘上种植着棕榈树。哥伦比亚拥有289种棕榈树，约占全球棕榈树品种数量的十分之一，被认为是棕榈树种类最多的国家。该棕榈园展出了约120种棕榈树，其中包括世界上标志性濒危树种——金迪奥蜡棕榈树，也是哥伦比亚的国树。

大大小小的生物

麦德林植物园的美丽和丰富的植物收藏让人大开眼界，但归根结底，它还是一座城市居民花园。就像独立之林一样，麦德林植物园旨在成为当地人放慢脚步，享受自然的地方。人们在草地上野餐，乌龟在岩石上晒日光浴，蝴蝶在头顶翩翩起舞，这些景象为这座风姿绰约的花园增添了更多美妙的色彩。

相关推荐

新加坡植物园
（Singapore Botanic Garden）

亚洲，新加坡

这个以热带植物为主题的植物园是新加坡国家兰花中心的所在地，展示了1000多种植物和2000多种杂交植物。

万木花园
（Myriad Botanical Gardens）

北美洲，美国

这座俄克拉荷马州公园中最吸引人的是水晶桥热带温室（Crystal Bridge Conservatory），里面种植着高耸的热带植物。

密苏里植物园
（Missouri Botanical Garden）

北美洲，美国

这座美国古老植物园的中心是人工气候室（Climatron）。它是一个滋养着茂密热带植物群的温室。

1. 睡莲漂浮在湖面上

2. 麦德林著名的地铁穿梭于花园和城市之间

东圣邓斯坦教堂公园
(St Dunstan in the East)

地点：伦敦，东圣邓斯坦教堂

最佳观赏时间：9—11 月，在宁静多雾的清晨来这里享受奇妙的氛围

规模：0.1 公顷

东圣邓斯坦是一座被大自然改造的古老教堂，它为人们提供了纯粹的休闲之地。郁郁葱葱的树木从废墟中出现，在伦敦创造出一个令人心旷神怡的世外桃源，在这里，时间仿佛静止了，城市的喧嚣也消失了。

这座公园坐落在一座小山上，距离伦敦塔（Tower of London）只有步行几分钟的路程。它的美丽不为人知，直到你走入它的怀抱才能看到其内敛深沉的美感。在那里，交通的声音消失不见，取而代之的是婉转的鸟鸣声和风吹树叶的沙沙声。来到这里就像进入了魔法世界。爬山虎爬上这座废弃教堂高高的石墙，偶尔还会将卷须伸向拱形窗户的窗棂。从某些角落，你可以看到碎片大厦[①]（the Shard）的玻璃幕墙划破天际，但这座花园给人的感觉却像是属于另一个时空。在这里，你仿佛即将逃离现在，回到过去。

从废墟中繁荣

自 12 世纪以来，经过不断改造和扩建，这座教堂一直是伦敦市繁荣的教堂之一，直到第二次世界大战爆发才走向没落。

虽然其主塔和尖塔在战火中得以保存下来，但伦敦市政府决定不再对其进行修复，教会也放弃了对这座教堂的使用。然而，1967 年，伦敦市政府做出了一项决定：由伦敦金融城（the City of London）在此建造一个公园来为这里注入新的生命。几年后，各种植物在这座哥特式教堂的庇佑下茁壮成长起来。

宁静的树荫

即使在最热的季节，在公园里你也会感到清爽和宁静。橡树和棕榈树洒下大片阴凉，白色的木槿花在夏末静静盛开。周围写字楼里的员工在木制长椅上吃午饭，教堂前中殿里的喷泉静静地冒着泡。公园里长满了常青树，这个树种具有永恒的品质，让几个世纪以来的游人都能在这里找到慰藉。

---

① 坐落在伦敦泰晤士河边，伦敦著名景点塔桥附近，大厦共有 95 层，高 310 米。

大事记

1100 年

历史上最早出现关于东圣邓斯坦教堂的记录（这个名字将它与舰队街上的西圣邓斯坦教堂区别开来），它成为伦敦较早的诺曼教堂。

1666 年

伦敦大火席卷全城，摧毁了 109 座教堂中的 87 座。尽管东圣邓斯坦教堂主塔和尖塔受损，但它还是在大火中得以幸存。

1701 年

克里斯托弗·雷恩爵士[①]（Christopher Wren）建造了一座新的主塔和尖塔。但是不同寻常的是，他以哥特式风格设计了新的教堂，以与中世纪建筑相匹配。

1941 年

东圣邓斯坦教堂在第二次世界大战中被炸弹严重损坏，但是雷恩的建筑保存了下来。当时的教会决定不再对其进行重建。

1971 年

教堂的废墟被改造成公园，并向公众开放。

---

① 克里斯托弗·雷恩爵士（1632—1723），英国皇家学会会长，天文学家和著名建筑师。

1. 点缀着蕨类植物和常春藤花圃的小路

2. 阳光从缠绕在哥特式教堂窗户上的绿色常春藤中倾泻而下

3. 绿意盎然的角落和步道，为疲惫的伦敦市民提供了休息之处

大洋洲，澳大利亚

帕丁顿水库花园
(Paddington Reservoir Gardens)

地点：新南威尔士州悉尼帕丁顿牛津街 251-5 号
最佳观赏时间：日落时分，可以欣赏到建筑上的灯光
规模：0.1 公顷

在悉尼一条主干道下面，一座天堂般的花园从一个废弃的水库废墟中拔地而起。从供水场所到宁静花园的华丽转身，灵动的空间仍然是这座城市新角色的有力支撑。

在悉尼地下，帕丁顿水库几十年来无人问津，无人知晓。直到 21 世纪初，悉尼市政府委托建筑设计师将其改造成一个公园。当建筑师们考察这座摇摇欲坠的废墟时，他们为这里的开发潜力深深着迷——他们可以建造引人注目的建筑，在周围种植新颖的植物群，设计景观区域供公众放松和休息。最终花园分为地上和地下两层，通过融合古老的工程和大胆的设计，同时保留了水库的遗产。

保存历史遗迹

帕丁顿水库曾经有两个独立的厂房，屋顶用木柱、砖拱和拱顶进行了加固。为了修建下沉公园，设计师拆除了摇摇欲坠的屋顶，暴露出厂房内部结构的残余部分。

经过改造，一个浪漫的失落世界初见雏形——表面覆盖着绿植，光线闪耀在建筑的每一个表面。

在改造过程中，设计师使用了有限的现代材料。入口台阶上弯曲的铝质拱顶与下面的旧砖结构遥相呼应，突出的观景台俯瞰着下沉的空间，混凝土铺路石铺就穿过花园的小径，以供游人身心放松地漫步其中。

事实上，帕丁顿水库公园还有很多令人惊叹的地方。一个方形的倒影池被澳大利亚本土树木所包围，是一个平静惬意的好去处。在其他地方，墙上垂下的纽扣花（hibbertia）枝叶和亚麻百合勾勒出一片绿色的海洋。阳光下，开阔的草坪为游客提供了放松的空间，完美地展现出早期工程师的才智和现代景观设计师的远见。

1. 供疲惫的购物者和工人休息的躺椅，他们可以在此沐浴阳光，呼吸新鲜空气

2. 露天的下沉花园，拥有大教堂一般的高耸圆柱

大事记

1866 年
帕丁顿水库开始向城市供水。

1899 年
水库停工，退出历史舞台。

1990 年
屋顶坍塌导致厂房废弃。

2006 年
东京祖莱卡格里尔建筑师事务所（Tonkin Zulaikha Greer Architects）和詹姆斯·马瑟·德莱尼设计事务所（James Mather Delaney Design）在此创造了一个城市绿色空间。

2009 年
帕丁顿水库公园对公众开放。

亚洲，新加坡

星耀樟宜机场
(Jewel Changi Airport)

地点：新加坡机场大道
最佳观赏时间：四季郁郁葱葱；夜幕降临后，可以去欣赏投射在汇丰银行雨漩涡
（HSBC Rain Vortex）上的声光表演
规模：13.5 公顷

如果你需要证据证明，大自然可以在看似最不可能的地方欣欣向荣，那么星耀樟宜
机场一定是最有力的证明。当你走进机场 5 层楼高的内部花园，倾泻而下的瀑布映入眼
帘，悠然小径被薄雾笼罩其中，空中旅行的压力很快就会被抛诸天外。

这可能是世界上唯一一个旅客希望航班延误的机场，因为这样他们就有更多的时间去探索星耀樟宜机场的自然主题仙境。在这里，令人印象深刻的花园和自然步道被笼罩在一个玻璃环形穹顶之下，阳光穿透穹顶照射在资生堂森林谷（Shiseido Forest Valley）的地面上，使这里看起来就像外部的大自然一样郁郁葱葱。

这个室内花园独具魅力，以至于许多游人会特意留出时间在这里停留，参观机场的景点，如星空花园（Canopy Park）、花卉园（Petal Garden）、绿雕植物走道（Topiary Walk）和令人目眩神迷的天空之网（Sky Nets），游人可以在树梢上方高空弹跳。当然，樟宜机场的最大亮点还是迷人的汇丰银行雨漩涡，巨大的水流从约 40米高的穹顶天花板的小洞中倾泻而下。在雨水的循环补给下，丰沛的水流源源不断地注入 5 层以下的一个巨大水池，并且不会溅起水花。白天，雨漩涡缤纷耀眼，到了晚上，它就变成一块水幕，壮观的声光表演投射其上，美不胜收。但除美观之外，汇丰银行雨漩涡还有一个重要的功能——巨大的水流和急速的下落也起到了为周围环境降温的作用。

中心枢纽

大多数机场都拥有众多停机坪和航站楼，像一座令人困惑的迷宫。但在这里，游人会发现自己被自然而然地引导到主要的花园区域。整座机场被一个繁忙的购物中心环绕，单轨电车无声无息地运行，目光所及之处皆是绿意，所有其他令人分心的事情，尽管可能很诱人，但都无足轻重。在这个短暂的出发、到达、最后一次登机通知和寻找行李的空间里，大自然的声音、气味和景色都为游人提供了一个幸福的喘息之机。

世界上最高的室内瀑
布——汇丰银行雨漩涡

相关推荐

福特基金会大楼
（Ford Foundation）
北美洲，美国

这座纽约建筑的中心是
一个12层的封闭中庭花
园，人们也认为这是第一
个在办公大楼中心配置的
花园。

阿尔伯特·爱因斯坦
医学教育研究中心
（Albert Einstein
Education and
Research Center）
南美洲，巴西

这所圣保罗学院的教室
和实验室周围是一系列
圆顶台地花园，每个庭院
里都盛开着许多巴西本土
植物。

长满树木和植物的台地花园

欧洲，德国

公主花园
(Prinzessinnengärten)

地点：柏林小伊斯坦布尔区赫尔曼街 99-105
最佳观赏时间：4—10 月，咖啡馆和餐厅开门营业，室外用餐区供应当地种植的农产品
规模：7.5 公顷

园中种满了植物，但是修剪整齐的梦幻景观并不是这座花园的全部。这座花园以其松弛自然的状态而闻名，它是城市居民的休闲空间，也是城市园艺场景的重要组成部分。

在一分为二之前，柏林最受欢迎的城市园艺项目始建于 2009 年克罗伊茨贝格（Kreuzberg）的一个游乐场。这一部分也被称为雅可比公主花园（Prinzessinnengärten Jacobi），位于新圣雅可比公墓（Neuer St Jacobi Friedhof），那是一个可以追溯到 1867 年的古老墓园。在这片广阔的绿色空间里，人们的心情与其说是阴郁，倒不如说是平静。虽然这块土地属于墓地协会，但租赁协议允许社区开发尚未使用的区域直到 2035 年。在此期间，该园区对外开放，接纳游人和园艺爱好者志愿服务。

重塑城市空间

我们一直认为花园都是根植于地下，不可随意移动的。但在这里，这个想法被彻底颠覆了。随处可见的移动花圃是城市社区花园的标志，既为植物提供了扎根的土壤，又保证了在租约易手时能够安全搬离。在整个地块中广泛使用的可回收材料也体现了对城市可持续未来至关重要的循环思维。在这里，柏林市民可以自己动手，在学习园艺基础知识的同时种植食物。公主花园的主体建筑是一间小木屋，周围摆放着待售的幼苗和描述活动规则的手写招牌。公主花园还为社区提供其他服务，比如露天论坛和环境研讨会等，议题十分广泛，涵盖从野生草药收取到气候改善行动等，但这些都只是它业务范畴的一小部分。

所有人都喜欢的地方

在这里，孩子们可以骑着自行车来到开放的公共区域，当地人在沿途的水龙头旁给自带的水壶灌满水，游人沿着中央的碎石小径漫步。在这些花圃之间，游人可以自由漫步，并且在不同的季节欣赏到不同的作物，比如从色彩鲜艳的花朵到瑞士甜菜再到草莓，总会带来一连串的惊喜。公主花园是一个田园诗一般的地方，可以让人汲取力量，并进行一些存在主义的反思。它独特的结构提醒人们关注园艺的真正精髓所在——生命循环不息，没有什么是永恒的。

1. 小伊斯坦布尔区繁忙的公寓楼俯瞰着公共区域的移动花圃

2. 草本植物生长在堆肥的沙袋里

3. 爬满西红柿藤蔓的架子和树木挡住了远处的城市

1. 这座花园被称为国际文化信息交流中心之山（Mt Acros），高高耸立在它前面的公园之上

2. 金黄的秋色笼罩着屋顶花园

相关推荐

百水公寓
（Hundertwasserhaus）
欧洲，奥地利

这座维也纳公寓楼由奥地利知名艺术家佛登斯列·汉德瓦萨（Friedensreich Hundertwasser）设计，他运用许多树木与公寓结构融为一体。

凯布朗利博物馆
（Musée du Quai Branly-Jacques Chirac）
欧洲，法国

许多风格随意的花园、溪流和树林与这座巴黎博物馆的建筑完美融合。其亮点在于一个垂直花园，由植物学家帕特里克·布朗克（Patrick Blanc）设计。

福冈屋顶花园
（Step Garden，ACROS Fukuoka）

地点：福冈市中央区天神街 111 号
最佳观赏时间：夏天可以看到燕尾蝶翩翩起舞，冬天可以看到鲜红的浆果和树木的挺拔轮廓
规模：0.5 公顷

在福冈市的中心地带，一座未来主义风格的办公楼拔地而起，其间孕育了一片林地天堂，在毗邻的天神中央公园（Tenjin Central Park）和人造建筑之间营造出和谐宁静的氛围。它们共同构成了一个供人们聚会和放松的综合公共空间。

和城市商业中心的许多建筑一样，这座 14 层的福冈市国际文化信息交流中心（ACROS Fukuoka）大厦三面都是光滑的玻璃幕墙。然而，向南的一面是意外之喜，它完全被茂密的绿色植物覆盖，形成一个垂直花园，旨在满足福冈高层区公众对更多绿色空间的需求。

在金字塔形的阶梯式露台上，层层楼梯蜿蜒地穿过花园。游人在阶梯上漫步不仅可以路过常青树和草本多年生植物丛，还能够在长椅上休息，感受舒缓的流水声和动听的鸟鸣声掩盖下方城市的喧嚣。登上花园高处，可以俯瞰福冈市车水马龙的景色。

滋养城市

这座花园不仅是当地人的绿洲，还是一项可持续发展的环保壮举，对植物和城市本身都大有裨益。花园可以收集残存的雨水，因此不需要对植物进行额外的灌溉；剪枝变成温床，将养分输送给植物；这里也不需要使用化肥或农药。此外，屋顶花园有助于保持建筑冬暖夏凉。在炎热的季节，植物释放的水分降低了空气温度，在闷热的夏夜，又会有一股清凉的风从花园里吹来。可以说，屋顶花园为未来的城市园艺提供了新的发展方向。

37000

最初在屋顶花园种植的 76 种植物，数量有 37000 株。现在这里已经拥有超过 50000 株植物和约 120 个不同的物种。

华沙大学图书馆屋顶花园
(University of Warsaw Library Garden)

地点：华沙，多布拉 56/66
最佳观赏时间：4 月正值春暖花开；10 月，可以欣赏城市秋色
规模：2.5 公顷

从华沙繁忙的城市街道上，华沙大学的学生和游客可以通过一个漫长的坡道到达华沙大学图书馆顶部宁静的屋顶花园绿洲。在这里，游客沉浸在大自然中，可以远眺华沙令人惊艳的城市景观。

根据古罗马哲学家西塞罗（Cicero）的说法，如果你拥有一个花园和一个图书馆，你就拥有了自己所需要的一切。华沙大学图书馆就是这样一个"人间天堂"。植物自由自在地在图书馆的钢架和玻璃幕墙上生长，吸引着那些前来观赏的游客。建筑外部有一个双层楼梯，连接着花园的上下两层，平缓的中央斜坡上种植着大量郁郁葱葱的绿色植物，还安放了一排太阳能电池板。

大自然的设计

为了应对城市化问题，缓解城市绿植的缺乏，波兰景观设计师伊雷娜·拜叶思卡（Irena Bajerska）设计了这个花园，让华沙市民在市中心就能体验大自然的乐趣。虽然屋顶花园有很多景点，包括一条拱桥横跨其上的小溪流，但最让人印象深刻的

还是园中的 49 种植物。每一个物种都是根据其在华沙不同季节中茁壮成长的能力而选择的。广阔的矩形空间被划分为金色、银色、深红色和绿色主题的区域，其间运用红砖甬道相连，这些甬道环绕着一个倒影池，蜿蜒地经过一个枝叶繁茂的圆顶凉亭。登上瞭望台，游客可以俯瞰不断扩张城市的壮观景色。

宝贵的经验

为了让游客体验在城市空间中拥抱大自然，华沙大学图书馆屋顶花园被设计在图书馆——一个让人汲取知识的地方——顶层。这片城市绿地无声地提醒人们，享受自然和城市生活并不矛盾。事实上，绿色空间是城市生活的重要组成部分。毕竟，植物可以在任何地方扎根成长。

1. 有棚步道为游客提供
阴凉和静谧

2. 通往树木穹顶和屋顶
花园的外部楼梯

3. 参观屋顶花园的游客

相关推荐

安娜堡分校
（Matthaei-Nichols）
北美洲，美国

毗邻密歇根大学主校区的
安娜堡分校，这片广阔的
区域以本土中西部植物和
学生主导的校园农场为
特色。

福德汉姆大学屋
顶花园（Fordham
University Rooftop
Garden）
北美洲，美国

位于纽约福特汉姆大学
林肯中心校区的主楼顶部
是一个几何形状的屋顶花
园，配有雕塑、绿植和室
外休闲空间。

创新者
和影响者

我们该如何准确地定义花园？正如我们所看到的，绿色空间里的花圃和花朵并不总是整齐有序；花园也可能是植被稀疏的岩石景观、生活菜地或是被常春藤占据的古老教堂。几个世纪以来，园艺师一直在探索新的突破。比如，从法国规则风格的典范凡尔赛宫，到宇宙思考花园的颠覆风格，它充满寓言色彩的景观让每位游人都惊叹不已。即使是沙漠植物园也很有影响力，因为这些花园可以证明风滚草并不是沙漠中唯一的生命。

鼓舞人心的人和地方

对许多人来说，园艺的乐趣之一就是打破旧规则，创造新规则。对于社交爱好者贝维斯·巴瓦（Bevis Bawa）来说，这意味着创造一个由好玩的雕塑和茂密的植物组成的奇幻景观；对变革者克里斯托弗·洛伊德（Christopher Lloyd）来说，就是将规则和随意风格结合起来，重新定义了种植样式；对富有远见的珍妮·布查特（Jennie Butchart）来说，园艺就是把一个石灰石采石场变成一个花园杰作。

但革新者也并不总是做一些与众不同或引人注目的大胆变化。无论是在意大利的小植物园，还是在伦敦郊区的全球研究中心，对植物的研究一直是十分重要的工作。如今，具有前瞻性的花园日渐崛起，它们的主要职责就是研究如何利用植物来应对地球上日益严峻的资源危机，或是促进生态环境的可持续发展。

真正的创新当然要着眼于未来，旨在解决问题。这可能需要采取措施来维护一个国家的本土植物学遗产或保护濒临灭绝的物种。有时，这需要园艺师把自己对美学的渴望放在一边，与自然元素合作，而不是对抗，选择适宜在该花园气候中生长的植物。将自然元素放在第一位的花园——无论是通过使用可再生资源还是植被保护工作，其主旨都是积极探索我们应该如何为更美好的未来而努力。所以说，这些花园各有千秋，没有哪种花园更有影响力。

未来的花园

毋庸置疑的是，园林设计在近几个世纪里发生了迅速而剧烈的变化。遥想规则风格主导的 17 世纪，在公共图书馆的屋顶上种植植物的想法似乎异想天开，关于水下花园的设想更是荒诞不经。谁知道未来的园林设计会是什么样子呢？如果说花园教会了我们什么，那就是，一切皆有可能。

伊甸园工程
英国

兰姆利家庭植物园
澳大利亚

约翰费尔利花园
美国

霍奇米尔科漂浮花园
墨西哥

布查特花园
加拿大

简约花园
斯里兰卡

十胜千年森林公园
日本

滨海湾花园
新加坡

大迪克斯特花园
英国

昌迪加尔岩石花园
印度

尼莫花园
意大利

恩尼亚树博物馆
瑞士

邱园
英国

解忧崖植物园
老挝

帕多瓦植物园
意大利

丽江物与岚高山花园
中国

伊甸园工程的巨大温室，作为花园的标志性建筑，其灵感来自气泡

欧洲，英国

伊甸园工程
(The Eden Project)

地点：康沃尔郡圣奥斯特尔镇附近的伊甸园植物园
最佳观赏时间：5—7月初，在夏季（旺季）到来之前观赏丰富的生物群落和优美的户外花园
规模：12公顷

鲜花繁茂，香蕉茁壮，瀑布从巨大的圆顶直泻而下——这是一个未来风格花园中的蓬勃之景。作为园艺创新的真正胜利，伊甸园工程强调了植物对地球的重要性，并激励每个人重新投入大自然的怀抱。

当你看到伊甸园工程里8个宇宙飞船一样的圆顶时，你就知道已经来到了一个与众不同的地方。漫步在棕榈树下，人们很难相信这片土地在1995年之前一直是一个瓷土坑，也就是说，是一个没有土壤的巨大空洞。机缘巧合，提姆·斯密特（Tim Smit）发现了这片土地，并用自己的灵感为其注入生命力。伊甸园工程旨在唤醒我们对地球脆弱性的认识，让人们意识到生物多样性的重要性以及可持续生活的必要性，以确保人类能够走向更美好的未来。它的大小、规模和象征价值使其摇身一变，成了为地球打造"生态橱窗"的理想场所，在那里展示着世界上最重要的植物。

1996年开始，斯密特和他的团队以丰富的想象力克服了各种各样的障碍，进行一系列改造工程。他们在这个没有土壤的坑里铺上用于堆肥的绿叶植物，形成肥沃的土壤，可以滋养各种植物。由于自然水源缺乏，他们又建设了地下排水系统，可以收集雨水、灌溉植被。2001年，当伊甸园项目面向公众开放时，这个地方已经完全旧貌换新颜。经历重塑的土地上巨大的温室透明圆顶闪烁着光芒，园中生长着来自地球主要"生物群落"或生命区域的珍贵树木和植物。这的确是一个"伊甸园"。

匠心之作

提姆·斯密特

提姆·斯密特1954年出生于荷兰，早年以作曲家和制作人的身份开始了音乐生涯。1987年，他搬到康沃尔郡，在那里，他和游人建筑商约翰·尼尔森（John Nelson）一起发现并修复了海利根花园[①]（Lost Gardens of Heligan）。伊甸园工程起源于一个梦想，直到2012年，提姆·斯密特因为这项工作而被封为爵士。

---

① 英国最神秘的花园之一，这里完全没有花的踪影，取而代之的是迷幻森林。园中最大的亮点，是4个充满迷幻气质的雕像。

地球的果实

　　每一种生物群落都拥有一个以穹隆为顶的独立温室，它们之间由草屋顶结构互相连接。第一个温室里的是雨林生物群落，它是生长在丛林中的热带植物的潮湿天堂。它建在阳光充足、朝向南方的一侧，位置绝佳，便于吸收热量，其内部温度高达35℃，是在康沃尔郡寒冷季节时的最佳去处。在树顶走道上，气候模拟展厅（Weather Maker）通过邀请游人穿越云层、躲避热带降雨，来了解雨林如何给地球降温。热带雨林温室可能是世界上最大的生物群落，但每隔16秒地球上就有一片同样大小的雨林被摧毁——这给我们带来强烈的震撼，也提醒人们需要付出多大的努力才能拯救雨林。

　　地中海生物群落同样引人入胜，在那里，人们所熟悉的东西与不太为人所知的东西交织在一起。橙子、棉花和芦荟蓬勃生长，可用于食用、制衣和疗愈。另一个温室专门介绍西澳大利亚的植被，包括一种草树（Xanthorrhoea sp）。它是一种非常有弹性的植物，能够在内陆贫瘠的土壤中茁壮成长，遇到野火之后开出花朵。在这些温室里，人们可以切身感受令人眼花缭乱的生物多样性，真正意识到植物是守护我们的生命线。

户外灵感

　　环绕生物群落的是壮丽而广阔的室外花园。季节性变化的植物边界，像茶树这样的作物和来自世界温带的植物展示，使得以前瓷土坑贫瘠的山坡突然变得五彩缤纷。在室外生长的3000多种野花中，有矢车菊和牛眼雏菊，它们为蜜蜂和蝴蝶等重要授粉者提供丰富的食物。事实上，花坛中罗伯特·布拉德福德（Robert Bradford）的作品——巨型蜜蜂（Giant Bee）雕塑，就证明了这种小昆虫在为我们提供食物方面的巨大作用。

可持续倡议

　　如果问伊甸园工程的核心要义是什么，那答案一定就是生物发展的可持续性。它以身作则，哪怕在最小的细节都体现了这种精神——厨房里的剩菜不仅可以用来制作堆肥以供养植物，还可以转化为电能。雨林生物群落中有一个棕榈油替代品的展览，回收的雨水被用来灌溉植物，丰沛瀑布，甚至冲洗场地内的卫生间。在每一处细节上，伊甸园工程都启发游人反思他们的生活方式，以及自己可以为造福地球而做出哪些改变。就像地球一样，伊甸园工程也在不断进化。该地的地热工厂已经开始钻探，将利用地下花岗岩的热能为伊甸园工程供暖和供电。斯密特还计划在世界各地创建新的伊甸园，将这个创新的花园转变为可持续生活的全球性运动。

————

匠心之作

构建生物群落

　　在双层钢质的温室结构被固定到地面之前，设计师先对其进行调整，以适应瓷土坑的形状。这种透明的覆盖物非常轻薄，可以让紫外线穿透进来，保证里面的植物茁壮成长。

————

1. 地中海生物群落温室中，蒂姆·肖（Tim Shaw）的《祭酒神》雕塑

2. 在室外花园工作的园丁

3. 硕果累累的柑橘

大洋洲，澳大利亚

兰姆利家庭植物园
(Lambley Gardens and Nursery)

地点：维多利亚州阿斯科特莱斯特路395号
最佳观赏时间：7月底—10月初可以欣赏春天的球茎植物，2—4月可以欣赏季末多年
生植物
规模：2公顷

　　这座可持续花园的开拓者在澳大利亚东南部恶劣的气候条件下进行了艰苦的园艺工作，制
订出能够应对剧烈温度波动和干旱条件的动态种植计划。

在兰姆利家庭植物园的所有区域中，干燥花园（Dry Garden）似乎总能让漫不经心的游客大吃一惊。在这片篱笆围起来的地方，高大的橄榄树和像巨型三裂植物一样的蓝蓟耸立在成片的薰衣草和大戟草上。这个成功的种植设计不仅是为了产生美好的视觉效果，还因为这种植物具有极强的耐旱性，即使在炎热干燥的夏季，也几乎不需要浇水。

与大自然合作

　　兰姆利家庭植物园的主人大卫·格伦（David Glenn）在墨尔本附近经营一家苗圃时遇到了艺术家克里斯·坎宁（Criss Canning），他们一起在巴拉瑞特北部的平地上买了一栋古老的石头农舍。大卫以前种植过喜阴的山地植物，如杜鹃花，但这些植物根本无法在他的新花园的恶劣条件下生存，因为那里常年干旱，夏季最高温度可达47℃。那么，这个问题该如何解决？他们放弃了与大自然对抗的念头，舍

弃那些娇弱的植物，而是选择了地中海气候区的植物和干旱地区的品种来创建一个真正可持续的花园。经过反复试验，大卫和克里斯种植了一系列美丽而耐旱抗寒的植物，比如景天草，它不仅能耐受夏季高温，还能抵御冬季严寒。这些植物只在种植时浇过一次水，若非必要，干燥花园和马路对面的地中海花园每年也大概只浇2~3次水。

　　不过，其他地方的种植条件并没有这么严苛，干旱时植被也需要灌溉，比如隔壁的蔬菜采摘园。在这里，大卫和克里斯尝试了南瓜和洋蓟等新食用品种，还有向日葵等一年生植物。

　　大卫和克里斯喜欢在很多方面进行尝试，比如种植季节性花卉或是在苗圃里设计新植物。他们的行动既大胆又令人震撼，仿佛在告诉世人，只要稍加思考和努力，干旱气候下的花园就可以像其他花园一样沁人心脾、充满活力又色彩斑斓。

1. 不同的植物纹理，不论是尖锐的还是柔软的，都在这座花园中共存

2. 粉红色的白花丹在温暖的月份里盛开

3. 立于花园中心的水盆

4. 大卫和克里斯站在他们打造的植物园中

北美洲，美国

约翰费尔利花园
（The John Fairey Garden）

地点：得克萨斯州亨普斯特德县
最佳观赏时间：全年开放日和私人旅游团期均可，但要享受宜人天气、鲜艳花朵和成荫绿叶的最佳参观时间是 3—4 月和 11—12 月
规模：15.7 公顷

　　极端恶劣的天气摧毁了约翰·费尔利在得克萨斯州培育的优雅南方景观。但是，天无绝人之路，经过重新思考，他创造了一个世界上不寻常的花园——一个致力于地球保护和设计融合的地方。

约翰费尔利花园是全球各地植物学家的心之所向，他们非常欣赏这里的稀有藏品。同样，对于任何植物爱好者来说，它都是一个令人神往的人间仙境。其建立人约翰·加斯顿·费尔利（John Gaston Fairey）专注于对墨西哥、美国西南部和亚洲珍稀濒危植物的研究和保护，建立了这座拥有 3000 种植物的著名资源宝库。他也是一位艺术家，受过正规的绘画培训，曾经师从一些美国现代艺术巨匠。这片土地就是他的画布，他将耀眼的形式、鲜明的纹理和和谐的色彩融合在一起。

有远见的设计

　　早年时，费尔利在得克萨斯农工大学（Texas A&M University）教授设计课程，但是每天都要从 145 千米之外的休斯敦通勤。为了离工作地点更近一些，1971 年他买下了自己的第一块占地 3 公顷的地产。那里有一条泉水潺潺的小溪和灌木丛，让他想起了自己在南卡罗来纳州度过的童年。他开始着手打造一个花园，里面种满他熟悉的植物。他在小溪边种上了落羽杉，在老橡树下种上了山茶花和杜鹃花。然而，1983 年灾难突然来临，一场龙卷风刮断了大部分树冠，不久后又一场冬季风暴将所剩无几的树木都连根拔起。费尔利伤心欲绝，但他并没有放弃。相反，他开始思考该如何建造一个能够抵御恶劣天气的花园。

匠心之作

木百合

　　20 世纪 90 年代初，费尔利设计的干枯百合或"木百合"花园的雕塑之美，影响了全世界的景观设计师。严格地说，这并不是百合，因为它们不是由鳞茎生长而来，这种特殊的多刺或多草的植物主要是指曼芙兰、丝兰、龙舌兰、龙荟兰和沙箭草。

---

1. 其他树种中夹杂的具有草刺状纹理的丝兰

2. 红姜花美丽的橙色花朵

3. 日本枫树"织殿锦"

为了适应环境，费尔利将研究重点转向了当时还不太常见的耐热耐旱的本土物种。在一次调查和收集新物种的过程中，他遇到了一位传奇人物——种植园主林恩·劳里（Lynn Lowrey）。他们二人踏上了前往墨西哥的植物研究之旅，劳里向费尔利介绍了一种全新的种植可能性。随着时间的推移，费尔利进行了100多次旅行，拯救了许多马德雷山脉（Sierra Madre）温带半干旱高地上正在迅速消失的植物。这个花园承载着费尔利辛勤劳动的果实，他用种子和插枝培育出许多珍贵的植物标本。

艺术家的花园

多年来，约翰费尔利花园的规模不断扩大，费尔利收获更多财富的同时，与合伙人卡尔·舍恩菲尔德（Carl Schoenfeld）共同创办了以多肉植物为主的丝兰多苗圃。当他们修复枯竭的景观并引入新的植物时，其实也是在尽心尽力地保护植物。费尔利始终忠于自己作为艺术家的本心，他打造的花园既能抵御风雨，又兼具美感。

根据植物类型及其对光线和土壤要求，费尔利合理地安排宽敞的室外区域。原产于墨西哥和美国得克萨斯州的橡树为花园提供了支柱，其中令人意外的是最稀有的橡树形状不一，并在花园悠长而隆起的橡树护堤上投下阴影。在橡树护堤之外，在强烈的阳光照射之下，费尔利在较小的护堤中种植适宜干旱气候的植物，以帮助它们在干旱与暴雨交替的环境中生存。这些干燥花园令人赏心悦目，到处都是美丽的

蓝灰色龙舌兰、沉香和沙巴棕榈，费尔利选择它们是因为它们凉爽的色调、可爱的尖刺和艺术性之美。作为一个自律的收藏家，费尔利更喜欢具有艺术特色的植物而不是艳丽的花朵，尽管他收集的许多植物都有绚丽的时刻，一年四季都有细小的花朵轮番盛开。

在过渡庭院中，葡萄藤缓慢地爬上格子架，水从灰泥墙的两侧流入一个长方形的水池，灰泥墙的颜色素淡，上面涂有紫色的陶土。几步之外的景色看起来就像是一幅鲜嫩的绿色织锦，在斑驳的光线下，点缀着喜阴的本土植物，填满花园剩余的林地。通往小溪的是一条空旷的"走廊"，郁郁葱葱的柏树在水边摇曳生姿。一座光滑的金属小桥穿过溪流通往北花园，混合种植的植物和鲜艳的蓝色灰泥墙都是在向墨西哥标志性的弗里达·卡罗[①]（Frida Kahlo）之家致敬，也是向费尔利对艺术的热爱致敬。花园深处，每到阳光明媚时，来自美洲、亚洲、欧洲和非洲的珍稀木兰、针叶树和橡树穿过草地般的植物园依次映入游人眼帘。

鲜活的遗产

直到2020年去世之前，费尔利一直在打磨他的杰作。他种下的植物并没有全部成活，2021年年初的一场极地涡旋风暴带来了气候变化的新挑战，也显示出费尔利去世之后，维护花园的困难重重。然而，无论环境如何，对于后人来说，最重要的都是尊重费尔利的艺术眼光和实验动力。

---

① 墨西哥画家。

"约翰·费尔利对美国园林设计有着巨大的影响，尤其是作为一名植物探险家，他将大量在野外收集到的墨西哥植物引入园艺领域。"

——约翰费尔利花园执行董事，兰迪·托瓦德尔
（Randy Twaddle）

1. 俯瞰霍奇米尔
科的漂浮花园

2. 一条色彩鲜艳
的小帆船航行在
水路上

3. 一位妇女在霍
奇米尔科苗圃里
给植物浇水

北美洲，墨西哥

霍奇米尔科漂浮花园
(Floating Gardens of Xochimilco)

地点：墨西哥城霍奇米尔科

最佳观赏时间：3—4 月，正值温暖干燥的季节，大部分花卉都开放

规模：25 公顷

全世界的游客涌向墨西哥城的霍奇米尔科区，来参观这个不寻常、巧妙的花园。这是一些由水道连接起来的人工岛屿网络，其历史可以追溯到 7 个世纪前的阿兹特克人[①]（Aztecs）时代。

在1325 年左右，墨西哥人（欧洲人后来称其为阿兹台克人）定居在现在的墨西哥城，他们采用创新的技术，从特斯科科湖（Lake Texcoco）的沼泽中开垦土地，用于种植作物，一层又一层肥沃的土壤和植被组成的运河、水道、堤道和奇南帕[②]（chinampas）逐渐形成，意为"漂浮的花园"。

花田所在地

如今，霍奇米尔科（在墨西哥人的语言纳瓦特语中意为"花田之地"）已被联合国教科文组织列为世界遗产。奇南帕仍然是当地经济的核心部分——许多奇南帕上都种满了整齐的蔬菜、芳香的草药、丰富的水果和缤纷的花朵。为了欣赏奇南帕，游人需要乘坐精心装饰的名为花船（trajineras）的驳船，沿途经过自然保护区和拉丁美洲最大的植物市场之一。这里源源不断的墨西哥流浪乐队、食品摊贩和卖花小贩，给这个地区带来极富感染力的活力和节日般的欢快气氛。最重要的是，来到这里，你会被墨西哥人的技术、园艺和想象力深深震撼，他们用经得起时间考验的创新方法将一片淹水的沼泽变成了肥沃的土地。

匠心之作

面临危险的奇南帕

霍奇米尔科漂浮花园是墨西哥城水果、蔬菜、草药和花卉的重要供应商。但是，日益增长的城市化已经对它造成了严重的威胁。自然资源保护主义者认为，如果不采取措施保护奇南帕，它们很可能会在 2057 年彻底消失。

---

① 北美洲南部墨西哥人数最多的一支印第安人。其中心在墨西哥的特诺奇，故又称墨西哥人或特诺奇人。

② 奇南帕是中美洲后古典文明时期（公元 1000 年—15 世纪）阿兹特克人的农业生产方式，是指一种人工修建的水上园地。

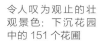

令人叹为观止的壮
观景色：下沉花园
中的 151 个花圃

北美洲，加拿大

布查特花园
（The Butchart Gardens）

地点：不列颠哥伦比亚省布伦特伍德湾欢迎大道 800 号
最佳观赏时间：春夏两季，一年生花卉、多年生植物和鳞茎植物像彩虹一样充满了花园
规模：公众开放区域 22 公顷；整个庄园面积 55 公顷

当珍妮·布查特站在一个废弃的石灰岩采石场边往下看时，她产生了一个强烈的想法：把它变成一个令人惊叹的花园。最终她不仅创造出一件园艺杰作，而且留下了一个真正成功开垦土地的故事。

珍妮·布查特和她的丈夫罗伯特·布查特（Robert Butchart）于 20 世纪初，在罗伯特家的水泥厂和一个废弃采石场之间的土地上建造了他们的家。当时太平洋西北地区的经济水平正处于鼎盛期，和许多那个时代的富人一样，珍妮也希望自己家周围有漂亮的花园。她在庄园里早期建造的花园风格十分传统，是一个延伸到布查特海湾（Butchart Cove）之滨的日式花园，还有一片种植多年生植物的大草坪。但珍妮面临的最大挑战是如何处理采石场。她以坚定果敢的处事风格而闻名，因此很快就制订了一个计划，并在罗伯特水泥厂工人的帮助下，把这个曾经碍眼的地方变成一个长满花卉的美丽园景。

新生的曙光

从 1909 年开始，历经 11 年的艰苦奋斗，她终于将采石场改造为下沉花园（Sunken Garden），这一设计杰作至今仍是布查特花园中最令人印象深刻的部分。珍妮并没有把采石场地上的石头搬走，而是把它们收集起来，用作花坛的地基。工人驾着马车从当地农场运来成吨的表层土，为植物提供所需的土壤。珍妮精心挑选树木，进行种植布局，她还重新规划了一个小湖，并把一堆未经开采的岩石改造成了一个山丘，游人攀登上去之后便可欣赏到更广阔的风景。珍妮甚至把灰色的石墙改造成了一个爬山虎的空中花园，她把这些植物种进墙壁的角落和缝隙里，再在曼妙的绿植之间安放了一架秋千。

生动的花卉展示是布查特花园的保留项目。珍妮早年接受过艺术培养，对色彩的鉴赏力帮助她把这幅空白的岩石画布变成了一件艺术珍品。她大手笔地种植一年生植物、二年生植物、多年生植物和开花灌木，创造出一个色彩斑斓、层次丰富又风格多变的世外桃源。从表面看，这就是一个普通的花园，但当你走下楼梯，进入下沉区域，你就会发现别有洞天，令人迷醉其间。

愿景扩大

对珍妮来说，每一寸土地都有可能成为令人惊叹的艺术品。她把家里的网球场改造成了意式花园，并藏在一堵修剪整齐的紫杉墙后面。她还在原来的菜园上建起一座玫瑰园，每到春秋两季，这里就有约6000朵玫瑰吐露芬芳。布查特夫妇起初并没有打算建造一个公共花园，但他们的花园最终还是不可避免地向公众开放了。他们将自己的家命名为"Benvenuto"，在意大利语中是"欢迎"的意思，体现出主人热情好客的精神，于是这栋建筑也和他们的花园一样闻名于世。刚面向公众开放的时候，花园还为所有游人提供茶歇，但到了1915年，游客人数激增至1.8万人，这项服务就停止了。在战争期间，甚至在自身健康状况不断恶化的岁月里，布查特夫妇仍然欢迎来自世界各地的游人，不远万里前来一睹他们的杰作。

花香遍地

1950年珍妮去世，她的家人接管了花园，他们非常尊重她最为珍爱的花卉遗产。游客中心建成以后，就成为每天展示采摘鲜花的地方。事实上，正是随时盛放的大量鲜花，营造了花园的巨大视觉冲击力。

大多数其他花园只展示几种相同的花卉，但布查特花园则展示几十种花卉，甚至更多种花草被一起种植。它们沿着小径开放，在花坛中摇曳，也在珍妮故居巨大的窗户花箱里展示风采。一条步道两侧种满了大丽花、百合和海葵，另一条步道则种满了绣球花和牡丹。阳光明媚和绿树成荫交织在一起，修剪整齐的灌木和日本枫树点缀在不同的小花园之间的空地上。

———

匠心之作

珍妮的玫瑰

玫瑰园是唯一能看到"珍妮布查特玫瑰"的地方，因为它没有被投入商业化生产。这种以珍妮名字命名的杂交茶玫瑰是由当地的一位玫瑰学家从另两种玫瑰品种——"加拿大小姐"和"香云"中培育出来的。

———

今天，当我们俯视这个广阔多彩的花园时，很难相信这里曾经是一个难看的破旧采石场。富有开创性的布查特花园确实是一个令人欢欣鼓舞的案例，说明了哪怕是一块废弃的土地，也能凭借极富创造性的梦想而大放异彩。

1. 满是玫瑰的拱门通向浪漫的玫瑰园

2. 通向岩石丘的台阶，登顶之后可以俯瞰下沉花园

3. 日式花园中涓涓细流的小溪

大事记

1904 年

罗伯特·布查特在采石场建了一座水泥厂，和珍妮一起搬进了附近的房子。

1909 年

下沉花园破土动工，1921 年工程完工。

1939 年

布查特夫妇在孙子罗伯特·伊恩·罗斯（Robert Ian Ross）21 岁生日那天把花园的所有权交给了他。

1964 年

在花园建成 60 周年纪念日，罗斯喷泉（Ross Fountain）登场。

1994 年

加拿大纹章局（Canadian Heraldic Authority）授予该花园盾形纹章。

2004 年

布查特花园被列为加拿大国家历史遗址。第一民族图腾柱是为了纪念花园 100 周年而放置的，同时也是为了纪念在布查特夫妇之前生活在这片土地上的人们。

1. 一丛丛茂密的植物排列在蜿蜒的小路上

2. 几个有趣的浅浮雕之一

3. 花园石阶两旁种植着繁茂的植物

相关推荐

卢努甘卡庄园
（Lunuganga）

亚洲，斯里兰卡

卢努甘卡庄园属于颇具影响力的建筑师杰弗里·巴瓦（Geoffrey Bawa），他是热带现代主义建筑之父，也是贝维斯·巴瓦的哥哥。这座占地广阔的花园现在作为一家精品酒店，被古老的树木、独特的亭阁和引人流连的景观所包围，非常值得游览。巴瓦兄弟之间的竞争非常激烈，这在他们的花园设计中表现得尤为明显。

亚洲，斯里兰卡

简约花园
(Brief Garden)

地点：本托塔达摩镇
最佳观赏时间：全年皆宜，但 12 月至次年 4 月是避开季风时节的最佳选择
规模：2 公顷

一片梦幻般的绿洲在本托塔河滩的缓坡上风姿绰约地显现。作为前卫景观建筑师和园林设计师贝维斯·巴瓦穷尽一生的作品，这个辉煌独特的花园在一片绿色中沿着山坡向远处延伸。

只要来到这座花园，你就很难不为这片神奇的天堂所迷醉。当享乐主义者贝维斯·巴瓦在 1929 年继承了父亲的小橡胶种植园时，他从未想过要把它一成不变地经营下去。巴瓦在这片土地的最高点为自己建造一所房子后，又开始在 2 公顷的土地上建造异想天开的花园，其余的土地仍然保留丛林的原貌。如果说这里的景观给人的感觉是自然而然地闯入一片花园，那就要归功于巴瓦的专业种植风格，比如墙壁上爬满了藤蔓，还有被绿色植物包裹着拱门。

巴瓦花费了巨大的精力，在他的朋友（也是园艺师）亚瑟·范·兰恩伯格（Arthur van Langenberg）的帮助下，才将这片土地改造成了一个生机勃勃的空间。游人一进门，优雅的景色映入眼帘，让人不禁联想到从庭院和房子的树荫下延伸到山坡上的意式别墅花园。然而，巴瓦的种植风格与欧洲规则花园的烦琐截然不同，他采用了独特又实用的方式，其花园空间通常由密集种植的单一植物来勾勒边界。在这片生动的绿叶景观中，你可以看到具有光泽的红姜、成簇的黑色蝙蝠花和一排攀爬在精美瓮瓶上的攀缘植物。

艺术遗产

巴瓦不仅是一位种植专家，还颇具艺术眼光。1956 年，澳大利亚艺术家唐纳德·弗利德（Donald Friend）搬来和他同住，这对爱侣为花园增添了艺术元素。最引人注目的是点缀在这片土地上的奇幻头像。

———

对家庭园艺的启发

细节之处见精神

简约花园的惊人之处正是装饰细节。你可以在自己的花园中添加马赛克和植物图案的瓷砖，并考虑巧妙地放置具有象征意义的花盆以抓人眼球。

———

1969 年，简约花园向公众开放时，很快就声名大噪。作为社会名流，巴瓦曾在 20 世纪 50 年代和 60 年代在这里举办派对，连费雯丽（Vivien Leigh）这样的明星都是他的座上宾，陶醉于他心目中的享乐主义。钦佩和嫉妒甚至促使巴瓦的哥哥（杰弗里·巴瓦）也修建起自己引以为傲的景观花园。事实上，直到今天，简约花园的特立独行仍令所有来访者欣喜不已。

亚洲，日本

十胜千年森林公园
（Tokachi Millennium Forest）

地点：北海道十胜地区清水
最佳观赏时间：5—10月中旬；每到9月下旬，林地的叶子就展现出浓郁的秋色
规模：400公顷

　　这个创造性的花园坐落在北海道中部的日高山脉（Hidaka Mountains），充满了自然之美和精致巧妙的设计感。十胜千年森林公园以对自然世界的敏感照亮了园艺设计之路，鼓励我们重新寻回与自然合二为一的感受。

大概30年前，日本媒体巨头林光成（Mitsushige Hayashi）在日本最北端的岛北海道岛的日高山脉买下了一大片土地。他的目标是恢复遭受密集林业和农业影响的土地，使其在未来一千年内达成可持续发展，来抵消他全国性报纸业务的碳排量。他把这片林地命名为"千年森林"。

但十胜千年森林的意义远不止是商业性的碳抵消，更关乎我们对周围世界的全新理解。林光成的个人使命是强化日本人（90%的日本人居住在城市）与大自然之间的联系。为了实现这一目标，他邀请国际知名景观设计师丹·皮尔森（Dan Pearson）来设计这座生态公园。皮尔森全心投入，创造出一个具有巨大凝聚力的空间构想。木栈道蜿蜒穿过原生森林、丰硕花园，还有皮尔森最著名的成就——草甸花园（Meadow Garden）。在这里，一片片高草在风中飞舞，生机勃勃的多年生植物——其中许多是日本本土物种——为花园增添了大胆的色彩。

乍一看去，十胜千年森林公园似乎与传统的日式园林设计大不相同，但皮尔森和首席园艺师薪谷翠（Midori Shintani）还是努力让它保持自然本源。他们打造了一个开创性的花园，既融合了东西方双重的设计灵感，又结合了欧洲花园流行的自然主义与典型日式花园的敏感和细致。

匠心之作

里山 ① （Satoyama）

　　里山是一个日本概念，体现了一种永恒的、有分寸的方式，让人类与自然和谐共处。"里山"的概念正是十胜千年森林公园的指导原则之一。

------
① 在日本，里山指的是环绕在村落（里）周围的山、林和草原（山）。

1. 草甸花园
里的混合草
地和多年生
植物

2. 木栈道穿
过一片原始
森林

1. 太阳亭的仙人掌花园

2. 超级树林和空中通道
在夜晚灯火通明

亚洲，新加坡

滨海湾花园
(Gardens by the Bay)

地点：滨海湾
最佳观赏时间：全年无休，表演时间因景点而异。工作日的早晨最安静，夜间灯光表演于
20 点 45 分开始
规模：101 公顷

滨海湾花园不仅是一个旅游景点，而且是对园艺艺术和创新设计的一次理想尝试，同时也为可持续花园如何助力城市未来规划提供了十分有益的方向。

每年都有数百万游人来到这里，他们无一不为这个杰出的园艺巨作而陶醉。的确，怎么可能有人对此无动于衷呢？这座创新园林中奇观频现，比如令人眩晕的空中通道、气候可控的智能温室，还有人造山脉和与摩天大楼一样高的"超级树林"。

花园城市中的花园

2006 年，新加坡政府邀请世界各地的景观设计公司参与一场设计竞赛。赛事的设计宗旨清晰明确：设计一座典型热带花园，使其成为新加坡最好的户外娱乐空间。很快，来自 24 个国家的公司提交了 77 份提案。最终英国景观公司格兰特事务所（Grant Associates）拔得头筹，获得了这座花园的设计权。滨海湾花园于 2007 年 11 月破土动工，并于 2012 年向公众开放。

花卉灵感

滨海湾花园拥有超过 150 万种植物，包括 3 个令人赞叹的滨海花园，分别分布在一片填海而成的土地上。兰花是新加坡的国花，也是建筑的灵感来源，在建筑的蓝图中，优雅的线条和弯曲的玻璃都模仿了兰花的样子。与此同时，兰花能在艰苦条件下茁壮成长的生理机能也体现在滨海湾花园复杂的基础设施上，整座园区都以可持续的方式管理能源、水源和废弃物。

163000

滨海湾南花园（Bay South garden）
超级树林高耸的金属"树干"上大约
生长着 163000 株植物。

从上空俯瞰未来主义的超级树林

探索花园

这座花园里有许多值得一看的东西，所以要预留出充足的时间以便深入探索。滨海湾南花园是整个滨海湾花园中最大的，它有3个温室：一个是花穹（Flower Dome），世界上最大的全玻璃温室；一个是奇幻花园（Floral Fantasy），名副其实的童话仙境，种植着色彩缤纷的花卉；还有一个是云雾森林（Cloud Forest），世界上最高的人造山峰所在地。然而，与常规的登山之旅不同，这座浓雾笼罩山峰的高耸之巅需要乘电梯到达，不过下山时游人可以沿着蜿蜒的小径再回到地面。在下山过程中，可以欣赏到沿路的兰花、蕨类植物、洞穴、瀑布和水晶沉积物。

滨海湾东花园（Bay East）的面积可能要小一些，但它的景致并不逊色。它以海滨长廊而闻名，中间点缀着热带小花园，其中一些植物的叶子像小汽车那么大。滨海湾中花园（Bay Central）是连接两个海湾花园的纽带，可以从新加坡市中心直接进入。

新型树林

滨海湾花园的最大亮点就是滨海湾南花园的超级树林。与这些高耸的"树林"相比，美国加利福尼亚州的红杉简直不值一提。这些超级树林完全是人造的（由混凝土地基和钢筋来代表树根和树干），但它们的功能与真正的树木基本相同——收集雨水、吸收太阳能、提供阴凉，起到为地面降温的作用。树干的垂直种植板上长满了凤梨、蕨类植物、开花攀缘植物和兰花。令人叹为观止的空中通道连接在树木之间，最高处有一个观景台，可以俯瞰花园和城市全景。白天的景色已经足够令人印象深刻，到了晚上，这片树林还会上演令人眼花缭乱的灯光奇观，甚至可以与新加坡市中心的城市天际线相媲美。

自然与强化

这样的奇观在滨海湾花园里比比皆是，但这里不仅是一个供人欣赏的展厅。在这里，环境的可持续性和创新性是每一处设计决策的基础。滨海湾南花园3个生物群落温室的玻璃都使用了一种特殊的涂层，既巧妙地减少了太阳直射的热量，同时又最大限度地增加了到达植物的光线。园区还利用了碳中性电力为许多景点提供能源供给，植物的径流被收集起来，用于零碳冷却和除湿系统。

就像在自然界中一样，生长和再生的循环为花园提供了能源。它充分说明了人类的聪明才智和自然的力量完全可以达成一种成功的契合。滨海湾花园重新构想了我们未来的城市景观，并为子孙后代播下了环境创新的种子。

游人从云雾森林的云雾步道上走下来

欧洲，英国

大迪克斯特花园
(Great Dixter House and Gardens)

地点：东萨塞克斯郡拉伊镇诺斯亚姆村
最佳观赏时间：5 月，春天的草地上盛开着郁金香之类的植物
规模：24 公顷

　　如果没有负责这片开创性景观的园艺师——克里斯托弗·洛伊德的雄心壮志，大迪克斯特花园将注定会默默无闻地存在于世界的角落。在他不断发展的新植物种植实验中，洛伊德展望出种植的未来——这一遗产直到今天仍弥足珍贵。

大迪克斯特花园是备受尊敬的园艺家克里斯托弗·洛伊德的家，他的一生都致力于创造世界上最令人兴奋和最具实验性的花园。这里有很多值得一看的地方——原始灌木、繁茂花坛、天然池塘和野花草地。由于地处距离英国南部海岸仅16 千米的内陆，大迪克斯特花园充分得益于温和的海洋性气候，非常适合进行奇思妙想的园艺创作。雄心勃勃的洛伊德擅长复杂的种植风格，利用植物知识进行搭配，常常用不同寻常的品种、形式和颜色进行开创性的实验。最令人印象深刻的是规则与随意风格的混搭，这是洛伊德时代的一种全新种植风格。如今，大迪克斯特花园受这种风格的影响，广泛种植着兰花、番红花和其他植物。

　　洛伊德打破常规的思想是一切设计的基础。他决心延长春季这一美好的季节，让花园在 10 月下旬及以后都保持蓬勃旺盛，于是选用了不同种类的叶片植物。他是第一批认可秋天金棕色色调和谷穗的设计师之一，反而拒绝常规那些"有品位的"颜色组合和"时髦的"植物。

　　洛伊德也是一位有洞察力的花园作家，他的园艺叙事手法和突破性花圃设计使大迪克斯特在开创性花园的领域内占据一席之地。花园还曾举办过一系列研讨会和专题讨论会，深深影响了一代又一代的园艺师。

新篇章

　　洛伊德去世后，花园交给费格斯·盖瑞特（Fergus Garrett）打理，他曾经作为首席园艺师和洛伊德一起工作。洛伊德的雄心壮志在盖瑞特的手中得以延续。盖瑞特不断重新改造花园和面积越来越大的种植区域，而且越来越意识到其对生物多样性的价值。他巩固了大迪克斯特花园作为未来主义风格花园的主导地位。

1. 大迪克斯特花园都铎式住宅前的奇特植物

2. 多肉植物在夏天茁壮成长

3. 生长在高地花园的百日菊和其他品种

相关推荐

费城魔幻花园
（Philadelphia's
Magic Gardens）
北美洲，美国

在一个废弃的城市地块
上，马赛克艺术家以赛
亚·扎加（Isaiah Zagar）
用瓷砖、镜子碎片和其他
随手可得的物品创造了一
个古怪的雕塑花园。

喀拉拉岩石花园
（Kerala Rock Garden）
亚洲，印度

尼克·昌德在马兰普扎
（Malampuzha）的岩石花
园设计于20世纪90年代，
是昌迪加尔岩石花园的缩
小版。

亚洲，印度

昌迪加尔岩石花园
（Rock Garden of Chandigarh）

地点：印度昌迪加尔1区
最佳观赏时间：花园地处亚热带气候区，春秋两季是最适宜旅游的季节
规模：10公顷

参观昌迪加尔岩石花园就像进入了一个孩子的梦境。它由一位自学成才的艺术家经过多年时间秘密建造。作为一个独特的花园，它令人既困惑又欣喜，因为它的特色不是植物和花卉，而是由混凝土和废料制成的当代民间艺术品。

昌迪加尔是印度北部的一座现代主义城市，这座岩石花园就坐落在昌迪加尔边缘，设计于20世纪50年代，是印度独立的象征。这个花园让我们看到了一个不同的印度，比如印度神话中的史诗般的战斗，对有限资源的巧妙利用的节俭创新（jugaad）[1]精神，以及手工技能的价值。

简单愿望

这座花园是一位职务很低的公共工程专员尼克·昌德（Nek Chand）的创意。他受雇于昌迪加尔的建设项目，并于1965年左右开始在他的工作地点旁边，用石头和废弃材料建造一个小花园。随着他占用的土地越来越大，他的野心也越来越大。这里变成了他眼中的一个幻想王国，里面有他雕刻的神明和女神，还有他记忆中农村童年时代的村民和动物。1973年，昌迪加尔政府当局发现了这个非法占用林地的花园，并有将其拆除的打算。不过，当局很快就意识到这座花园具有一定价值，便选择将其面向公众开放，因此昌德也得到了工资、劳动力和材料来继续扩建岩石花园。

碎片的艺术

从一开始，岩石花园就是一个废物回收利用的地方，但是千万别搞错了——这些旧石板或塑料罐并不是被简单地再次使用了。相反，废弃的电气模具"摇身一变"成为颇有触感的墙壁，生锈的油桶变成堡垒的大门，废料用来装饰混凝土动物雕塑。园中还有许多造型滑稽的人物雕塑。这些雕塑排成一排，从茶壶盖帽到闪闪发光的手镯纱丽都制作得惟妙惟肖，似乎在展览中一边行进一边舞蹈。

虽然这里没有种植鲜花，但大自然仍然选择在这里安家，数百只鸟在这些混凝土"同伴"旁边筑巢。这个出尘避世的世界令人叹为观止，其非凡的结构使整个场地充满了奇妙的生命之感。

1. 梦幻般的雕塑充斥着花园一角

2. 溪边小路蜿蜒经过公园的人造瀑布

---

[1] 统指节俭创新，它代表着一种创造力，常常体现在利用现有的简单资源解决看似复杂的问题。

欧洲，意大利

尼莫花园
(Nemo's Garden)

地点： 利古里亚大区，萨沃纳，诺利 41-4，罗马古道
最佳观赏时间： 夏天，阳光透过玻璃幕墙照射进来
规模： 每个圆顶生物圈面积为 2 平方米

当化学工程师塞尔吉奥·甘贝里尼（Sergio Gamberini）种植的作物开始遭受寒冷天气侵袭时，他的脑海中就冒出一个大胆的想法：作物能在水下，在接近恒定的温度下生长吗？随着第一个水下陆生植物的出现，这个想法很快就变成了现实。

尼莫花园由 6 个实验性水下温室组成，是塞尔吉奥·甘贝里尼及其家族经营的海洋珊瑚礁集团（Ocean Reef Group）的创意。充气的有机玻璃温室在海水中漂浮着，通过链条将其固定在海底。从陆地上的控制基地，可以监控尼莫花园中的一切，无论是种子发芽、植物生长，还是空气质量和湿度等都尽在掌握。参观这座花园需要穿戴潜水装备或乘船前往，但自从有了吊舱里的摄像头，任何人都可以通过网络查看植物的生长情况。

花园如何维护

为了保持生物圈和植物不受霉菌和疾病的影响，罗勒、生菜、西番莲和草莓等作物并不是种植在传统的盆栽土壤中，而是种植在有机材料和可可纤维等生长介质中。生物圈内部自然凝结的无盐水可以帮助作物保持水分，并维持适宜的温度。在生物圈内收集的水与矿物质和肥料混合，都可以保障这些水培植物的生长。

为什么进行水下尝试？

研究水下植物栽培是有充分理由的。当然，水下农业也面临着其自身的挑战，但当我们潜到海平面以下几米的地方，就可以缓冲或避免地球上的极端温度和恶劣天气条件。此外，因为尼莫气泡中富含地球上短缺的淡水，生物圈内部形成的无盐凝结也是重要原因。

尼莫花园的植物在温室中茁壮成长，既可以免受极端温度的影响，又受益于海水过滤形成的柔和蓝光。在地球表面，植物通常在相对湿度为 70% 的环境中生长，但因为水下的湿度一整天都能保持在 85%~97%，在水下气泡中，它们似乎生长得更好。

随着时间的流逝，水下种植陆生植物不再是科幻故事，而是一场可持续发展的农业变革。也许用不了多久，农民就该放下农具，转而穿戴潜水装备了。

1. 一名潜水员在"生命之树"雕塑前搬运生长在水下生物圈的西红柿

2. 检查草药和植物的生长情况

欧洲，瑞士

恩尼亚树博物馆
(Enea Tree Museum)

地点：圣加仑拉珀斯维尔布赫大街 12 号
最佳观赏时间：太阳落山时，树影在身后的石墙上跳动
规模：75 公顷

在世界上第一个也是唯一的树木博物馆栽种了 50 多棵树，分别代表了 25 个地区的物种。所有的树都是由一位富有事业心的瑞士景观建筑师保存下来，并重新种植在苏黎世湖畔附近的公园里的。自此以后，这个博物馆的规模就在不断扩大。

有些人喜欢收集稀有兰花或珍稀植物的种子，而恩佐·恩尼亚（Enzo Enea）则喜欢收集成熟的树木。考虑到没有哪一棵树能放进温室或玻璃罩里，恩尼亚租了一块修道院的田园土地，用来种植移栽过来的树木。每一棵树都被放置在一堵雄伟的石墙前（这些石墙本身由来自意大利采石场的回收石块组成），并把石墙作为画框和背景，就像博物馆里的艺术品一样。

拯救一个物种

这里的每棵树都曾面临被砍伐的威胁。比如可以追溯到 1902 年的七叶树，当时为了一项道路拓宽计划，它被连根拔起，恰巧恩尼亚开车经过。仔细观察的话，还能看到树皮上曾经用来贴海报的订书钉留下的痕迹。为了保存这些历史遗迹，无论是连根拔起，还是重新种植它们，都是一个精密的过程，通常需要用平板卡车移动树木，包裹并修剪树枝，以确保树木能够成活。

人们很容易对这些树木产生好感，因为它们就像土地上的活雕塑。事实上，恩尼亚通过一系列与树木巧妙搭配的旋转艺术品来增添花园的特色。这些雕塑形态多样，既有抽象的、与树木相呼应的弯曲形状，又有十分具象的形态。

独一无二的收藏

恩尼亚收集到的树木种类繁多，从日本樱花树、意大利五针松到萨金特海棠松和白松，都是来自当地的树种，以确保它们能够在当地气候条件下茁壮成长。一年中，根据不同时间，树木会呈现出不同的颜色，就像其他博物馆的收藏也会呈现季节性变化一样。整体来看，这是一片独特的定制森林，每棵树保持着最伟岸闪耀的姿态。

2013

2013 年是恩尼亚树博物馆成立的第三年。也是在这一年，花园开始展出来自乔玛·帕兰萨（Jaume Plensa）、瑟吉尔·托皮（Sergio Tappa）、斯特拉·汉堡（Stella Hamberg）和维罗妮卡·马尔（Veronica Mar）等人的艺术作品。

1. 树木陈列在石墙前，就像博物馆一样

2. 为花园小径量身打造的植物

3. 西尔维·弗勒里（Sylvie Fleury）的蘑菇艺术作品美化了草坪

欧洲，英国

邱园
（Kew Gardens）①

地点：伦敦，邱园

最佳观赏时间：6—9月，草本植物肆意生长

规模：121公顷

邱园的地标性景致——棕榈温室前湖面上的赫拉克勒斯喷泉（Hercules fountain）

邱园，即英国皇家植物园，拥有世界上种类最丰富的植物藏量，并以其开创性的植物学研究享誉国际。它不仅仅是一座珍奇花园，更是一座灯塔，几个世纪以来，一直照耀着世界植物科学的研究之路。

对于植物爱好者来说，邱园是名副其实的天堂。它坐落在绿树成荫的伦敦郊区，以其壮观的步道、伟岸的树木和典型的温室而闻名遐迩。即使你每天都来这里，也总有新鲜事物吸引你的眼球或触动你的心灵。邱园不仅仅是座瑰丽的园林，它还是一个卓越的科学研究中心——许多专家在这里识别、研究和保护稀有植物和珍稀菌群，不断把新知识传播到全世界。

18世纪是充满探索精神的时期，人们对植物的研究兴趣也日益浓厚。邱园建立后不久，博物学家约瑟夫·班克斯②（Joseph Banks）跟随库克船长③（Captain Cook）完成太平洋之旅，将1300多个新物种标本带回英国。班克斯回国后成为邱园的代理园长，很快组织起了世界各地的植物发掘和探险活动。他主张首先要将欧洲没有的植物品种引入邱园，再从这里将其推上国际舞台。目前，邱园拥有5万多种植物，其中许多都是濒危物种。在这里，你甚至可以找到世界上非常稀有的

植物——1895年在南非发现的伍德苏铁（Encephalartos woodii）。伍德苏铁是雌雄异株的植物，雄株和雌株分开生长，而植物园中仅存的伍德苏铁是一棵孤独的雄株。当你站在它面前，心头很难不掠过一丝波澜，因为你眼前的很可能是世界上最后一棵伍德苏铁。

邱园里不仅种植着来自世界各地的自然馈赠，其户外区域也有许多本土植物，如薰衣草、紫丁香和玫瑰。园林中遍布旖旎水景和林荫步道，还会举办一些趣味活动。从方方面面来看，这里都是一座站在科学前沿的宏伟英式园林。

鲜活实验室

如果说有什么最能代表邱园的话，那一定就是宏伟的棕榈树温室（Palm House）。这座巨大的玻璃钢架温室是为了容纳19世纪初引入英国的热带棕榈树而建造的。它于1848年完工，是当时世界上同类建筑中规模最大的一座。

---

① "Kew Gardens"的全称是"Royal Botanic Gardens at Kew"，即英国皇家植物园，坐落于伦敦三区的西南角。邱园是世界上著名的植物园以及植物分类学研究中心，其历史可以追溯到1759年。

② 约瑟夫·班克斯（1743—1820），英国植物学家、探险家、博物学家。1768—1771年随同詹姆斯·库克环球考察旅行，首先提出澳大利亚有袋类哺乳动物比胎盘哺乳动物更原始的说法，还发现了许多植物新品种。1778年起任英国皇家学会会长，直至1820年去世。大约有80种植物的名字是以他的名字命名的。

③ 詹姆斯·库克（1728—1779），人称库克船长，是英国皇家海军军官、航海家、探险家和制图师。詹姆斯·库克曾经三度奉命出海前往太平洋，带领船员成为首批登陆澳洲东岸和夏威夷群岛的欧洲人，也创下欧洲船只首次环绕新西兰航行的纪录。

大事记

1759 年
国王乔治三世（George Ⅲ）之母，奥古斯塔公主（Princess Augusta）在邱宫（Kew Palace）后花园建起一座私人植物园。后来，乔治三世将这片土地与里士满（Richmond）附近的一处庄园合并，园林初见雏形。

1772 年
约瑟夫·班克斯成为邱园的代理园长后，植物学家兼园艺家弗朗西斯·马森（Francis Masson）开启了许多次探险，从南非和北美带回植物种子和标本。

1848 年
棕榈树温室建成。1863 年温带植物温室（Temperate House）接续建成。

1876 年
乔佐尔实验室（Jodrell Laboratory）落成。邱园开始研究植物病理学，同时确立了致力于科学研究的传统。

1939 年
第二次世界大战期间，邱园开始种植蔬菜和药用植物，主要是为了满足人们的生活需要，作为进口食品之外的另一种选择。

2003 年
邱园成为联合国教科文组织认定的世界文化遗产。

"你只有先了解自然世界，才能设法保护它，而像邱园这样的机构正是自然世界最伟大的守护者之一。"

——"世界自然纪录片之父"、自然博物学家、主持人，大卫·爱登堡（David Attenborough）

时至今日，邱园中的植被仍然令人目不暇接。来自热带的棕榈树、藤蔓植物和水果在潮湿的空气中生长，园中还藏有多种重要植物。它们中有一些是难以在野外生存的，有一些则是珍贵的食材、香料、木材和药物。从具有抗癌这一宝贵价值的长春花到用于基因研究的朝天蕉的粉色小果实，所有物种都是维持地球生生不息的宝贵资源。

棕榈树温室只是邱园中众多令人赞叹的温室之一。规模最大的是温带植物温室，其中展示了来自温带的各种植物，比如原生于新西兰附近荒无人烟的普尔奈茨群岛（Poor Knights Islands）的新西兰血见草，还有只生长在南太平洋（the South Pacific）胡安·费尔南德斯群岛（Juan Fernandez Islands）的巨朱蕉。这些植物只能在气温达到10℃以上的地方生存，而这间温室可以帮助植物应对环境挑战。温带植物温室致力于拯救这些濒危植物，激发它们的生存潜力，以为全球粮食安全和气候变化等问题提供解决方案。

浓密林荫

事实上，林木保护是邱园大部分工作的基础。这里的树木和花园一样古老，其中有许多都是在英国其他地方无从寻觅的稀有品种。1841年，植物学家威廉·胡克（William Hooker）被任命为邱园的首任园长，在他的主持下，温室周围建立起树木园（Arboretum）。后来，他的儿子约瑟夫·胡克（Joseph Hooker）继续扩大了树木园的种植量，建立了松树园，对树木进行分类学研究。他还开辟了引人注目的冬青步道，每到冬青成熟时，其深红色的果实总能在冬天让人赏心悦目，也为小鸟提供了美味的大餐。

这个树木园对于那些试图保护树木栖息地的研究人员来说至关重要。园中约有1.4万棵树，每一棵树都是人类获取知识的源泉。例如，雪松可以很好地应对夏季干燥和冬季严寒，善于适应气候变化。而高大的伦敦梧桐[①]（London plane），亦称二球悬铃木，是这里的另一个重要树种，它呈片状脱落的斑驳树皮能够有效清除空气中的污染物。

匠心之作

储存种子

邱园对保护生物多样性最重要的贡献就是千年种子库项目[②]（Millennium Seed Bank Project）。几乎每一种英国本土植物的种子，以及来自世界各地的数千种种子，都存放于邱园在苏塞克斯郡的分园——维克赫斯特庄园（也叫作"维园"，Wakehurst Place）的地下储藏库中。

树木不仅能净化空气，还能通过吸收雨水来降低发生洪水的风险，树荫还能为城市带来一片清凉。最重要的是，邱园的树木非常迷人。最大的标本是一种北美红杉（Sequoia sempervirens），可达40米高。还有些古树因其漫长的寿命而令人印象深刻，比如国槐（Styphnolobium japonicum），于1762年左右被种植在奥古斯塔公主的早期花园中。

面向未来

对于未来而言，揭开濒危植物的秘密与保护重要的传粉者同样重要。邱园正是致力于此——广阔的自然区域开满了野花，它

---

① 法国梧桐原名"伦敦梧桐"，又称二球悬铃木，是一种欧洲人培育成的杂交种，由原产欧亚大陆的法桐和原产北美的美桐杂交培育而成。法国梧桐后由西班牙传入英国，在伦敦被作为园林景观植物和城市绿化植物，因此英语和其他一些西方语言称之为"伦敦梧桐"。

② 邱园的千年种子库项目启动于1998年，到目前已保存约2.2万种、4万份全世界干旱、半干旱地区的野生植物种子。

们为蜜蜂提供了花粉和花蜜，大片草地也为动物提供了栖息地。也许邱园中最难以忘怀的感官体验来自一个17米的装置——"蜂巢亭子"（The Hive）。它坐落在野花草地的中心，模拟了蜂箱中的简单生活，其中1000盏LED灯随着邱园内的蜜蜂振翅而发光，这种共振随后被转化为音乐。

邱园对未来的展望永不止步。在菜园里，研究人员对非典型作物进行了实验，目的是要确定一旦我们的日常作物受到气候变化影响时，还有哪些品种可以作为食物来源。早在1985年，英国广播员、自然历史学家大卫·爱登堡爵士就考虑过这种可能性，当时他就在威尔士王妃温室①（Princess of Wales Conservatory）里埋了一个装满粮食作物种子和濒危物种的时间胶囊。它将于2085年开启，届时可能会为世界提供已经灭绝的植物种子或幼苗。

漫游和好奇

除了教育用途，邱园也是备受植物爱好者青睐的地方。春天，淡粉色的樱花盛开；夏天，170种不同的玫瑰芳香弥漫在空气中。各色建筑也为邱园增添了风采，从邱宫到几个模仿古典寺庙造型的教堂都令人印象深刻。然而，无论邱园的建筑多么华丽，稀有植物的画面多么完美，漫步于邱园的小径都会激发你保护自然世界的灵感，就像几个世纪以来邱园的研究人员一直在做的那样。

———

对家庭园艺的启发

保护蜜蜂

蜜蜂是重要的传粉者，对世界各地的生态系统至关重要。所以，为保护它们尽一份力吧，比如可以减少修剪草坪的频率，让花园里的一些地方保留一些野性，让本地植物茁壮成长，还可以种植花蜜丰富的物种。如果你没有花园，即使是在窗户上安装一个花箱也会有所帮助。

———

① 该温室为纪念威尔士王妃奥古斯塔而命名。这个邱园里最复杂的公共温室占地4490平方米，采用了先进的电脑控制系统，通过调节供热、湿度、通风、采光系统，来保证最有效地利用燃料和水，创造了从干旱到湿热带的10个气候区，以便适合不同气候类型植物的生长。

1. 欣欣向荣的树木环绕着萨克勒桥（Sackler Crossing），这是一条十分宁静的步道

2. 游览温带植物温室

3. 春天，娇艳的樱花装点花园

解忧崖植物园
(Pha Tad Ke Botanical Garden)

地点：琅勃拉邦
最佳观赏时间：6—9 月正值季风季节，花园里许多花朵都在盛开
规模：11.5 公顷

　　解忧崖植物园是激情迸发的产物。起因是荷兰人里克·加德拉（Rik Gadella）去琅勃拉邦度假时，发现保护老挝民族植物学遗产十分有必要。他萌生一个美好的想法——在雄伟的湄公河（Mekong）岸边建立起老挝第一个植物园。

在琅勃拉邦这座拥有数百年历史寺庙和宝塔的城市里，一些游客可能会惊讶地发现，琅勃拉邦的顶级文化景点之一——解忧崖植物园的历史还不到 15 年。但它可不是普通的植物园。这个创新型绿色空间致力于记录东南亚的文化背景是如何与灿烂的植物群交织在一起的，也为游人了解老挝历史提供了一种耳目一新又高效可持续的新方式。

不仅是花园

　　2000—2010 年，里克·加德拉卖掉了他在法国巴黎的艺术公司，开始了旅行生活。不久后，他爱上了老挝北部城市琅勃拉邦，并决定寻找土地修建房屋。他无意中发现了解忧崖——这是湄公河沿岸的一片野生丛林，曾被琅勃拉邦总督用作狩猎区。加德拉意识到这片林地作为一个公共空间具有巨大潜力，人们可以在这里与大自然亲密接触。于是他就萌生出修建一座花园的想法。

　　他利用老挝和其他地方园艺专家的专业知识，很快便发现解忧崖不仅能成为一个标准的游乐花园，还能是一座活的博物馆，这对于保护老挝正遭受国家快速现代化步伐威胁的民族植物学遗产大有裨益。解忧崖以邻近的山脉命名，被称为"团结和决心之山"，解忧崖植物园最终于 2016 年竣工并面向公众开放。

终极之旅

　　从琅勃拉邦中心出发，乘坐 15 分钟的渡轮，游人就可以到达这个位于湄公河下游约 2 千米处的美丽花园。园区中有 7 座主题花园、1 个植物园和 1 个石灰岩栖息地，拥有 1500 多种植物。休闲农场和神秘洞穴为游客提供了更多值得探索的景观。不过，大多数游客都认为解忧崖的食物（pièce de résistance）是整个植物园的精华所在。

阳光透过树木照射在解忧崖植物园，俯瞰着波光粼粼的湄公河

> "这不仅仅是一份谋生的职业，对我来说这更是一份重要的职责。解忧崖植物园不仅对我意义重大，对我的国家和世界也是如此。"

——解忧崖植物园总经理，西斯·尼塔丰（Sith Nithaphone）

在老挝生活了 10 年的法国民族语言学博士比巴·维莱莱克（Biba Vilayleck）规划了解忧崖植物园的 10 个主题地块，分别展示老挝丰富的植物在其原住民生活中得以广泛应用的不同方式。植物对他们的生活至关重要，不但可以用来缓解痛经，而且可以染色纺织品，甚至起到辟邪作用。古往今来，这些知识都靠当地居民口口相传，世代沿袭，而今天，植物园内的信息面板为游客提供了全方位的讲解和参考。

养育老挝人

解忧崖植物园不仅有助于保护老挝的文化传统，还能保护老挝的生物多样性，并为约占总人口 70% 的老挝农民提供了未来生计保障。植物园的休闲农场被设计成一个室外教室，日常可以为老挝农民举办如何通过可持续土地管理技术提高作物产量的课程。加德拉始终认为，植物园内运营的课程，虽然最初由赠款资助完成，但今后也可以依靠游客消费收入（包括目前为游客开发的课程产生的收入）来完成自筹资金。更多关于研讨会的想法接踵而至，

比如开办针对妇女的创新性昆虫食品培训方案，这有助于解决她们营养不良的问题，同时也可以传授营养搭配和昆虫养殖技术。几个世纪以来昆虫一直是老挝饮食中的重要部分。

———

匠心之作

大象医学

老挝最初被称为"勐掌"（Lan Xang）或"万象国"。为了向它的古称致敬，解忧崖植物园的一大特色就是种植传统方式上可以给厚皮动物疗伤的药用植物。

———

加德拉利用自己的艺术经验，与解忧崖的设计团队一起，打算开发出一个创意空间，用来举办展览和文化活动等。由此可见，解忧崖植物园的未来，乃至于老挝的未来，都拥有巨大的潜力。

1. 石灰岩栖息地旁的一棵榕树

2. 在兰花苗圃茁壮成长的本土兰花

相关推荐

波特里植物园
（Booderee Botanic
Gardens）

大洋洲，澳大利亚

这是澳大利亚唯一的原住
民植物园，堪称新南威尔
士州的一颗宝石，其主要
特色是库利人（Koori）①
使用了数千年的灌木和药
用植物。

茂物植物园
（Bogor Botanic
Gardens）

亚洲，印度尼西亚

这座东南亚最古老的植物
园自 1817 年建立以来，一
直是园艺和农业方面的重
要研究中心。它拥有美丽
的树木、草坪和池塘。

---

① 澳大利亚的新南威尔士和维多利
亚地区的土著居民对他们自己的称呼。

帕多瓦植物园
（University of Padua Botanical Garden）

地点：帕多瓦植物园区 15 号
最佳观赏时间：夏天是植物生长最旺盛的季节，数百个陶土罐子里陈列着对霜冻极为敏感的标本
规模：2 公顷

植物园是当今世界花园中一个不可或缺的部分，而帕多瓦植物园（Orto Botanico di Padova）则为大学植物学家首次采集、种植和研究药用植物树立了标准。这里是植物学的诞生地。

这座植物园由威尼斯共和国于 1545 年建立，是世界上仍在原址的最古老的植物园。它的目的是收集和繁殖被称为"semplici"（意大利语，意思是"简单"）的药用植物。尽管它们的名字听起来简单，但人们很早就了解到，对于这种药用植物的运输和研究，却是一点也不简单。直到 16 世纪，无论标本鲜活或已经干枯，都要从遥远的亚洲通过威尼斯港抵达目的地，获取和运输它们的成本和环节都十分复杂。对于帕多瓦大学来说，如果想让学生们认真研究这些植物，就必须要培育活的标本，并创建一个植物园区和干燥植物标本室。

看似简单

凭借其清晰的设计感和存在的重要性，帕多瓦植物园的外观和感觉都与众不同。尽管植物生长又枯萎，循环往复，但是这个植物园给人的感觉就好像几个世纪以来都一成不变。封闭花园（hortus cinctus）的结构非常简单，圆形的区域包围着一片正方形的场地，两条在中间相交的小路把植物园分成四个相同的部分。这些分区代表了当时已知的大陆：欧洲、非洲、亚洲和美洲。石头堆砌的几何图案将每个空间分割成一个个标本苗圃，园丁给每一株植物都贴上标签并悉心照料。一切都按照对称法则布置，就像一个秩序井然的图书馆，既宁静又令人安心。

许多现在遍布欧洲的植物都是经由帕多瓦植物园的培育才传入欧洲大陆的。曾经的植物珍品后来变得如此普遍，以至于有些东西，比如西红柿，甚至看起来就像是本地品种。欧洲大陆的第一批龙舌兰于 1561 年引自墨西哥，紫丁香引进于 1565 年，土豆则是 1590 年引进的。

花园在发展

在保持原本特色的同时，帕多瓦植物园仍在努力创新。2014 年，一个现代高科技的玻璃温室落成，成为一个容纳生物多样性的花园。它是世界上先进的温室之一，包含 5 个不同气候地区的植物，并通过太阳能启动雨水循环泵来达到节能目的。帕多瓦植物园可能不像那些园艺界的后起之秀一样引人注目，但它的妙处在于对科学交流的重要性——它对世界产生了重大影响，而且这种影响会一直持续下去。

1. 室外的盆栽仙人掌沐浴阳光

2. 歌德棕榈是花园里最古老的植物，种植于 1585 年

3. 植物园入口处的喷泉和棕榈树

相关推荐

比萨植物园（ Botanical Garden of Pisa）

欧洲，意大利

1543 年，植物学家卢卡·基尼（Luca Gini）建立了这座世界上第一个大学植物园。严格来说，它并不是最古老的植物园，它曾在 1563 年搬迁，直到 1591 年才转移到现在的位置，靠近著名的比萨斜塔和奇迹广场（Piazza dei Miracoli）。草药园、水生植物和喷泉装饰着花园空间。

亚洲，中国

丽江物与岚高山花园
（ Lijiang Hylla Alpine Garden ）

地点：云南省丽江市白沙镇
最佳观赏时间：4—5月、10—11月都是繁花盛开的季节，适宜游园
规模：4 公顷

融合了现代设计、民族风情和高山风光，这座简约的花园是对古代纳西族生活的一种颂扬。作为中国著名的旅游景点之一，它成了纳西族文化与传统的最佳代言。

这座高山花园坐落在丽江高山地带，充分利用了当地的自然和文化遗产。这座当代景观于 2020 年完工，是纳西族的鲜活纪念碑。纳西族是藏民中的一支，自 11 世纪以来就一直居住在喜马拉雅山麓。花园保留了前纳西族村庄的遗迹，并在占地范围内修葺了梯田、野生松林和涓涓融雪池，还有一家精品酒店。这里有一种奇妙的轻松感，低矮的墙壁，水道内嵌其中，在花园周围形成了模糊的边界。

树和水

建筑师聘请了当地的纳西族石匠和木匠，在花园建造过程中使用了古老的技术和设计结构，同时重新引入了杜鹃花、鸢尾花和高山梨等本土植物，以支持当地的生态系统。纳西族人拥有利用山上融雪的习俗，这一点也在一处叫作"三井"（Three Wells）的水景中得到了体现和尊重。水道和水池的设计也按照纳西族习俗将高山径流分成三层，最上面一层可以饮用，中间一层用来清洗食物，最下面一层用来洗衣服。

不过，花园中最主要的景观是一棵橡树，它被当地人称为"徐派"，位于花园的中心。这里有一条凸起的木板栈道，蜿蜒在高山草地上，就像一条堤道。纳西族人认为这棵树具有神奇的庇护作用，对住在村子里的人来说，就像是一种天然的图腾。在这里，它是一个具有文化属性的景观焦点，完美地融合了旧风俗与新观念，证明了传统与现代的和谐共存。

1. 从丽江物与岚高山花园的露天平台俯瞰壮观景色

2. 融雪沿着花园的水渠流淌

3. 环绕"徐派"的凸起木栈道

术语表

一年生植物：在一个生长季节内完成从种子萌发到开花的整个生命周期的植物。

两年生植物：需要两年完成其生命周期的植物，在发芽后的第二个生长季节死亡。

多年生植物：至少活三个季节的植物，如草本植物、木本灌木和乔木。

落叶植物：在生长季节结束时落叶，在下一个生长季节开始时重新长叶子的植物。

土生植物：一种多年生植物，在春天从土壤表面下的器官中繁殖，如球茎。

旱生植物：一种只需要很少的水就可以长时间生存在严重干旱中的植物，例如那些生活在沙漠或雪域的植物。

攀缘植物：一种利用物体或其他植物作为支撑物的植物。

附生植物：生长在另一种植物上但不是寄生的植物，能够从大气中获取水分和养分，而无须扎根于土壤。

草本植物：与坚硬的木质茎相反，茎为绿色的植物。主要为多年生植物。

蔓生植物：一种生长在墙上的植物。

科：一个植物分类范畴，即将相关的种类集合在一起。

属：介于"科"和"种"之间的一个植物分类范畴，由一组相关的种通过共同的特征联系在一起。例如，七叶树种被归入七叶树属。

种：一个植物分类范畴，由密切相关、非常相似的个体组成。

硬景观：人造特征和建筑材料建成的景观，如墙壁或路径。

软景观：花园中的活的园艺元素，包括植物、花卉和灌木。

护堤：在平地上建造的圆形土丘或小山，用以遮挡难看的风景，为花园增添凸起的元素或创造焦点。

箱形树篱：形成花圃边界的灌木。

苗圃：在将种子种植到固定位置之前，用来发芽或种植幼苗的区域。

垂挂标准玫瑰：嫁接在树上来增加花园高度的一种特殊类型的玫瑰。

云修剪：日本的一种技术，将灌木和树木修剪成类似云朵的形状。

水培法：在稀释的营养液或任何形式的无土栽培中种植植物的过程。

分层种植：一种套种方法，将成组的植物紧密地种植在一起，使它们连续开花。

雌雄异株：花朵上只有一个性别的生殖器官的植物。

腐殖质：在土壤中发现的腐烂植物的有机残留物。

护根物：一种涂于土壤表面的材料，用于抑制杂草生长，保持水分和保持凉爽的根部温度。

归化：使某物像在野外一样生长和建立。

繁殖：通过种子（通常是繁殖部分）或营养（无性繁殖，如茎和根）的方式繁殖植物标本。

总状花序：在一个茎上开出的一组花。

微气候：与周围地区的气候不同的小而有限区域的大气状况。

新宿根景观运动：一种园林运动，提倡种植草本多年生植物和草，以创造自然主义的外观。

致 谢

DK 出版社在此对以下作者提供的资讯致以真诚的谢意：

克拉克・安东尼・劳伦斯（Clark Anthony Lawrence），一位居住在意大利的美国园艺作家，他的作品曾发表在《园艺画报》（*Gardens Illustrated*）、《花园设计杂志》（*Garden Design Journal*）和园艺季刊 *HORTUS* 上。写作之余，他还在意大利乡村经营非营利文化协会——"阅读静修会"（Reading Retreats）。

克里斯托弗・P・贝克（Christopher P. Baker），加利福尼亚和哥伦比亚的专家，长期居住在沙漠里。他撰写了 30 多本旅游书籍，其署名经常出现在 BBC 旅游频道以及国家地理杂志的旅行和旅游＋休闲版块的文章中。

卡罗琳・毕晓普（Caroline Bishop），英国自由撰稿人，现居瑞士。她是 DK 出版社《见证瑞士》（2019）一书的合著者，并著有两部历史小说。当不在瑞士山区照料奶牛时，她会为英国的旅行刊物写些关于她第二故乡的文章。

比・道森（Bee Dawson），一位社会历史学家，喜欢描写人物、地点和花园。她撰写了 18 本书，包括《新西兰园艺史》（*A History of Gardening in New Zealand*），并为《新西兰园丁》（*NZ Gardener*）等杂志撰稿。比和她的丈夫住在惠灵顿港上方一座迎风的小山上，并在那里经营一座花园。

丽贝卡・福特（Rebecca Ford），一位地理学家和屡获殊荣旅行作家，经常撰写关于野生动物、花园和景观历史方面的文章。她还编写旅游指南，并拥有水芹历史文化景观博士学位。

玛丽－安・加拉格尔（Mary–Ann Gallagher），巴塞罗那作家、编辑。她喜欢所有绿色的植物，但养得并不好。尽管如此，她还是在城市内外寻找秘密花园，希望有一天她能学会种植。她撰写过 20 多本旅游指南。

汉娜・加德纳（Hannah Gardner），英国园艺作家、设计师和园艺学家。汉娜曾作为大和学者在日本学习，对写作、植物学和实用园艺兴趣浓厚。她定期为《园艺画报》和《金融时报》（*The Financial Times*）撰稿。

罗宾・高尔迪（Robin Gauldie）是一名记者，曾撰写过 30 多本旅游指南书籍，包括许多 DK "见证"系列。不在欧洲旅行时，他就会在爱丁堡阳光明媚的码头区的一个小小的城市花园里忙碌。

塔拉内・盖杰尔・耶尔文（Taraneh Ghajar Jerven）是一位挪威的语言大师、探险家和植物爱好者。她写了许多书，包括图文并茂的地图集《这里是挪威》（*Here is Norway*）。她喜欢在山花烂漫处徒步旅行，寻找野生食物。

莫莉・格伦泽（Molly Glentzer）每天都在得克萨斯州的花园里劳作，还出过一本书，名叫《粉红女士与深红绅士：50 朵玫瑰的肖像与传奇》（*Pink Ladies & Crimson Gents: Portraits & Legends of 50 Roses*）。她喜欢写关于文化和园艺的文章，她的故事曾在《美食与美酒》（*Food & Wine*）等杂志上发表。

安吉莉卡・格雷（Angelica Gray）是一位园艺作家、历史学家和设计师，她喜欢探索每个去过的花园背后的故事。她是《马拉喀什花园》（*Gardens of Marrakesh*）的作者，并为《乡村生活》（*Country Life*）和《快乐花园》（*The Pleasure Garden*）等杂志撰稿。她住在法国西南部。

梅利莎・格雷－沃德（Melisa Gray–Ward），居住在德国柏林的澳大利亚籍作家和编辑。她的作品主要关注设计、可持续发展和环境，曾发表在 *i-D*、《植物猎人》（*The Planthunter*）、《大事件》（*The Big Issue*）等杂志上。

西蒙・格里弗（Simon Griver），以色列记者、以色列财经新闻网站 Globes 的执行主编。他出生在英国，写过许多关于以色列的实地旅行指南。

拉里・霍奇森（Larry Hodgson），来自加拿大的自由园艺作家。他著有 60 多本书，在杂志和网页上发表了无数文章，他还在网上撰写每日园艺博客。他的爱好是参观别人的花园，这样他就可以享受美景，而不必做所有的工作。

贝弗利・赫尔利（Beverly Hurley），www.gardendestinations.com 和北卡罗来纳州《三角园丁》（*Triangle Gardener*）杂志的编辑。不操持园艺的时候，她会参观世界各地的花园。

凯西・詹茨（Kathy Jentz），是获奖的《华盛顿园丁》（*Washington Gardener*）杂志的编辑和出版人。凯西终身从事园艺师工作，也是 GardenDC 播客的主持人，还是《城市花园：在城市中种植美食和美景的 101 种方法》（*The Urban Garden: 101 Ways to Grow Food and Beauty in the City*）的合著者。

川口洋子（Yoko Kawaguchi），文化历史学家，经常日本园林和日本文化的各个方面撰写文章并发表演讲。她的著作包括《日本禅宗花园》（*Japanese Zen Gardens*）、《正宗日本花园》（*Authentic Japanese Gardens*）和《蝴蝶的姐妹：西方文化视角下的艺伎》（*Butterfly's Sisters: The Geisha in Western Culture*）。她还积极参加了英国的日本花园协会。

阿布拉・李（Abra Lee），演说家、作家，也是"征服土壤"平台的创始人。该平台涵盖了园艺的历史、民间传说和艺术等。作为一名市政树木学家和机场景观经理，她的很多时间都花了在土地里，她也在《纽约时报》等出版物上发表过专题报道。

斯蒂芬妮・马洪（Stephanie Mahon），《园艺画报》的编辑，曾两次获得"园艺媒体协会年度记者奖"。她为许多出版物撰稿，并发表园艺指南。她住在威尔士，最近正打算在一块陡峭的北坡上建造一座花园。

大卫・马塞洛（David Masello），散文家、诗人、剧作家和特稿作家，在美国纽约生活和工作了几十年。他是《环境》（*Milieu*）杂志的执行主编，著有 3 本关于艺术和建筑的书。人们经常看到他骑自行车在曼哈顿周围寻找新的花园。

克莱尔・马塞特（Claire Masset），在成为国民信托基金会的出版人之前，曾是《英国花园》（*English Garden*）杂志的园艺编辑。她写了很多书，介绍了包括国家信托基金会的秘密花园在内的许多内容。她在英国牛津郡的房子也有一个花园，但只要一有时间就会回到她的祖国法国。

沙菲克·梅吉（Shafik Meghji），旅行作家、记者和作家。他专门研究拉丁美洲和南亚，为 BBC 旅游频道和《漫游》（*Wanderlust*）等出版物撰稿，与人合著了 40 多本旅行指南，并在电视、广播和播客上谈论旅行心得。

托马斯·奥马利（Thomas O'Malley），东亚专家，也是旅游指南的定期撰稿人。他总是忙着为英国《每日电讯报》（*The Telegraph*）写酒店点评，或者忙着写他的第一部小说，这部小说可能是以一个中式花园为特色。

莎拉·里德（Sarah Reid），澳大利亚旅游作家、编辑和环保旅游专家。她曾访问过 120 多个国家，为 BBC 旅游频道、国家地理旅行版块、澳洲航空杂志等进行专题研究。不旅行的时候，她会计划下一次有积极影响的冒险。

埃德沃利·里士满（Advolly Richmond），园艺师、景观师和社会历史学家。她是园艺媒体协会的成员，也是 BBC 园艺频道的花园历史电视节目主持人，还是 BBC 园艺问题时间的植物历史撰稿人。她讲授 16 世纪至 20 世纪的各种主题，并制作了花园历史播客。

吉尔·辛克莱（Jill Sinclair），哈佛大学毕业的景观历史学家，现居英国。她定期为《历史园林评论》（*Historic Gardens Review*）和《园林历史》（*Garden History*）杂志撰稿，她出版的作品包括《新鲜池塘：剑桥景观的历史》（*Fresh Pond: The History of a Cambridge Landscape*）。吉尔是历史园林基金会的受托人，同时也在牛津大学在线教授园林历史。

托尼·斯宾塞（Tony Spencer），加拿大作家、摄影师、演讲家和种植设计师，是关于自然主义种植设计的博客《新多年生主义者》（*The New perennial alist*）的创始人。他的作品获得了加拿大花园通讯和多年生植物协会的奖项。他大部分时间都在加拿大安大略省的野生花园做实验。

丹尼尔·斯塔布尔斯（Daniel Stables），一名生活在曼彻斯特的旅行作家和记者。他为许多纸媒和网络出版物撰稿，撰写或参与撰写了 30 多本关于亚洲、欧洲和美洲目的地的旅游书籍。

詹妮弗·斯塔克豪斯（Jennifer Stackhouse），澳大利亚园艺学家和作家。她撰写并编辑了许多园艺书籍（包括获奖作品《花园》），并为当地电台、报纸、杂志和网站撰稿。

艾格尼丝·史蒂文森（Agnes Stevenson），记者、园艺作家和《苏格兰园丁杂志》（*Scottish Gardener Magazine*）的编辑。她还为英国和海外的出版物撰稿。除去参观花园，她一般就待在温室里，或者在苏格兰西南部的陡坡考察，她正打算把那里打造成一个园艺天堂。

丽莎·沃梅（Lisa Voormeij），原籍荷兰，现居不列颠哥伦比亚省，DK "见证"指南的定期撰稿人。不在加拿大的时候，她一般就会去夏威夷徒步旅行。

简·维格尔斯沃斯（Jane Wrigglesworth），作家、编辑和资深园丁。她为包括《新西兰园丁》在内的杂志撰稿，同时也是在线生活杂志 www.sweetlivingmagazine.co.nz 和一个关于养花的博客的创始人。

需要感谢的插画师有：

玛吉·恩特里奥斯（Maggie Enterrios），美国加利福尼亚州的插画家和作家，作品包括《花景：植物涂色书》（*Flowerscape: A Botanical Coloring Book*）。玛吉华丽的植物艺术作品可以在世界各地的产品包装、书籍和纺织品上找到。她喜欢种紫苏。

主要参考文献：

p49 pull quote: Vere Boyle, E. Seven Gardens and a Palace [M]. 1st edn. London: John Lane, 1900.

p55 pull quote: Cain, M. National Trust press release, Sissinghurst Castle Garden welcomes winter visitors for the first time [EB/OL]. （2019）[2021–12–01] https://www.nationaltrust.org.uk/press-release/sissinghurst-castle-garden-welcomes-winter-visitors-for-the-first-time.

p75 column 1, lines 15–16: Bloedel, P. The Bloedel Reserve: Its Purpose and Its Future [J]. University of Washington Arboretum Bulletin, 1980, 43（1）.

p100 pull quote: Jencks, C. The Garden of Cosmic Speculation [M]. 1st edn. London: Frances Lincoln Ltd, 2003: 17.

p126 pull quote: Herner, I. Edward James and Plutarco Gastélum in Xilita: Critical Paranoia in the Mexican Jungle [J]. Journal of Surrealism and the Americas, 2014, 8（1）: 110.

p134 column 1, lines 6–7: Walska, G. Always Room at the Top [M]. 1st edn. New York: Richard R. Smith, 1943.

p154 pull quote: Wilczek, E.（1895）（cited in a commemorative booklet, Centenaire de la Thomasia, jardin alpin de Pont de Nant, 1991, and translated from French）.

p162 pull quote: Oudolf, P.（2021）. Provided by Piet Oudolf to DK.

p173 column 1, line 11: Slatalla, M. The Best Secret Garden in Barcelona [J/OL]. Gardenista（Issue 85 – Travels with an Editor: Barcelona）, [online].（2013–08–12）[2021–12–13]. https://www.gardenista.com/posts/palo-alto-barcelona/.

p207 pull quote: Twaddle, R.（2021）. Provided by Randy Twaddle to DK.

p234 pull quote: Kew Gardens - The Breathing Planet Campaign（2013）YouTube video, added by Royal Botanic Gardens, Kew. [Online]. Available at: https://www.youtube.com/watch?v=g4-EkRL-J2M（0:19–0:28）.（Accessed: 17 December, 2021）

p240 pull quote: Nithaphone, S.（2013）. Pha Tad Ke Botanical Garden Newsletter, 10 [EB/OL].（2013）[2021–12–13]. https://www.pha-tad-ke.com/wp-content/uploads/2016/10/Newsletter-PTK-10E.pdf.

DK 出版社在此对以下机构授权
我们使用他们的照片致以真诚的
谢意:

Dorling Kindersley would like to thank
the following for their kind permission
to reproduce their photographs:

(Key: a-above; b-below/bottom;
c-centre; f-far; l-left; r-right; t-top)

2-3 Claire Takacs. 6 Alamy Stock
Photo: Derek Teo (bl); John Norman
(tl); Jon Arnold Images Ltd (tr).
Clive Nichols: (br). 7 Claire Takacs.
12-13
Getty Images:
ivanreinaramirez / 500px (c). 14
Alamy Stock Photo:
Angus McComiskey (t).
Unsplash: Jan Zinnbauer (b).
17 Alamy Stock Photo: H-AB
(br). Shutterstock.com:
junjun (tl); Kiev.Victor (tr);
lotsostock (bl). 18-19 Getty
Images / iStock: loonger. 21
Alamy Stock Photo: Best
View Stock (tr); ZhenZhang
(tl); Natalia Lukiianova (b). 22
Alamy Stock Photo: Hilda
DeSanctis. 24 Shutterstock.
com: Zarrina. 25 Garden
Exposures Photo Library:
Andrea Jones (r). Getty
Images: Richard T. Nowitz (l).
27 Alamy Stock Photo:
travelib india (b, tr). 28 Clive
Nichols: (t, b). 31 Alamy
Stock Photo: Britain -
gardens and flowers (tl); Nick
Scott (tr); Mieneke Andeweg-
van Rijn (b). 33 Getty Images.
: Mint Images (tl); Tom
Schwabel / Moment (tr).
Shutterstock.com: Michael
Warwick (b). 35 Garden
Exposures Photo Library:
Andrea Jones / courtesy
Powerscourt (b, t). 37 Getty
Images: gong hangxu (l);
Waitforlight (r). 38 Alamy
Stock Photo: Hao Wan (r).
Shutterstock.com: Anton_
Ivanov (l). 39 Alamy Stock
Photo: avada. 41 Keukenhof:

(bl, br); Laurens Lindhout (t).
42 Lars Gerhardts/HMTG. 45
Alamy Stock Photo: Image
Professionals GmbH (tl); Jurate
Buiviene; mauritius images
GmbH (b). 47 123RF.com:
Marco Rubino. 48 Alamy
Stock Photo: Valerio Mei (r).
Dreamstime.com: Stefano
Valeri (tl). GAP Photos:
Matteo Carassale (bl). 50
National Trust Images:
Andrew Butler (b); Jonathan
Buckley (t). 52-53 National
Trust Images: Andrew Butler.
54 National Trust Images:
Andrew Butler (bl, r); Jonathan
Buckley (tl). 57 Clive Nichols.
58 Alamy Stock Photo:
Mehdi33300 (r). Getty
Images: Shaun Egan /
DigitalVision (l). 61 Alamy
Stock Photo: Jerónimo Alba
(br); Perry van Munster (bl).
Getty Images: Michele
Falzone / Stockbyte (t). 62
Shutterstock.com: SJ Travel
Photo and Video. 65 Alamy
Stock Photo: Adam Eastland
(tr); Simona Abbondio (b).
Dreamstime.com:
Giuseppemasci (tl). 67 GAP
Photos: Claire Takacs (tl).
Garden Exposures Photo
Library: Andrea Jones (tr, b).
73 Getty Images: Melissa Tse
(t); Saha Entertainment (b). 74
Marianne Majerus Garden
Images: Marianne Majerus.
77 Courtesy of Bloedel
Reserve: (tr). Marianne
Majerus Garden Images:
Marianne Majerus (tl, bl, br).
79 Getty Images: Wolfgang
Kaehler / LightRocket. 80-81
Alamy Stock Photo: Danita
Delimont. 82 Getty Images:
Wolfgang Kaehler /
LightRocket (l, r). 83
Shutterstock.com: Ian
Atwood. 85 Alamy Stock
Photo: Alex Ramsay (tr); Sean
Pavone (b). Getty Images:
Zhang Peng / LightRocket (tl).

86 Getty Images: Yann Berry.
89 Alamy Stock Photo: Alex
Ramsay (t); beibaoke (b). 91
Alamy Stock Photo:
MLouisphotography. 92
Alamy Stock Photo: Glenn
Harper (tl); travelib europe
(bl); Terry Smith Images (r). 95
Alamy Stock Photo: Yuriy
Chertok (b). Shutterstock.
com: Oleg Bakhirev (t). 97
Getty Images / iStock:
Fotofantastika (b);
MagioreStock (tr); svarshik (tl).
99 Alamy Stock Photo:
gardenpics (b). Garden
Exposures Photo Library:
Andrea Jones (t). 103 Daniel
Shipp: (tr, l). 104
Fondazione Walton. 107
Alamy Stock Photo: Arcaid
Images (bl). Fondazione
Walton: (br). Getty Images:
Lonely Planet (tr).
Shutterstock.com: Mazerath
(tl). 109 GAP Photos: Lynn
Keddie (r). Garden Exposures
Photo Library: Andrea Jones
(l). 111 Alamy Stock Photo:
AnneyLier (t, br).
Shutterstock.com: Anney_
Lier (bl). 117 Chris Coad
Photography: (tl, tr, b). 119
Hermannshof: . 120
Hermannshof: Claire Takacs
(bl) (tl). Marianne Majerus
Garden Images: MMGI /
Marianne Majerus (tr). 121
Hermannshof: (br). 122
Shutterstock.com: Tatyana
Mut (tr, tl, b). 125 Alamy
Stock Photo: Alfredo Matus.
129 Alamy Stock Photo:
Aeoliak (br); Barna Tanko (tr).
Shutterstock.com: Nailotl (l).
131 Used with permission
from The Biltmore
Company, Asheville, North
Carolina. 132 GAP Photos:
Karen Chapman. 133 Alamy
Stock Photo: Anne Rippy (l).
GAP Photos: Karen Chapman
(r). 135 Lotusland: Kim Baile
(t, br, bl). 136 GAP Photos:

Matteo Carassale. 139 Alamy
Stock Photo: Allen Brown (t).
GAP Photos: Matteo
Carassale (b). 140 GAP
Photos: Matteo Carassale (tl,
r); Neil Overy (bl). 142 Claire
Takacs: (t, b). 144-145 Claire
Takacs. 147 GAP Photos:
Helen Harrison (t, bl, br). 149
Desert Botanical Garden:
(b); Adam Rodriguez (tr, tl).
150 Desert Botanical
Garden: Adam Rodriguez (l,
r). 151 Desert Botanical
Garden. 152 GAP Photos:
Benedikt Dittli. 155 GAP
Photos: Benedikt Dittli (tr, tl,
br, bl). 156-157 Getty Images
/ iStock: aizram18. 158
Alamy Stock Photo: Alex
Ramsay (tl). The Garden
Collection: Sibylle Pietrek (bl,
r). 160 Garden Exposures
Photo Library: Andrea Jones
(bl). 161 The High Line.
Photo by Timothy Schenck.
Courtesy of the High Line:
Timothy Schenck (t, br).
164-165 The High Line.
Photo by Timothy Schenck.
Courtesy of the High Line:
Timothy Schenck. 171 Alamy
Stock Photo: Christine
Wehrmeier (tr). The Garden
Collection: Derek Harris (tl).
Getty Images / iStock:
miroslav_1 (b). 172 Alamy
Stock Photo: Anton Dos
Ventos. 175 Shutterstock.
com: haveseen (t, b). 177
Shutterstock.com: Mariano
Luis Fraga. 179 Shutterstock.
com: Fausto Riolo; Luis
Echeverri Urrea (b). 181
Alamy Stock Photo:
Lazyllama (tr); Nathaniel Noir
(tl). Shutterstock.com:
oksanatukane (b). 183 Alamy
Stock Photo: ILYA GENKIN (t).
Shutterstock.com: Jirayu
Phaethongkham (b). 184-185
Unsplash: Darren Nunis (c).
186-187 Alamy Stock Photo:
Feline Lim / Reuters. 189 GAP

致谢　249

图书在版编目（CIP）数据

DK 世界园林 / 英国 DK 出版社著；韩雪婷译 . —— 北京：科学普及出版社，2023.12
书名原文：Gardens of the World
ISBN 978–7–110–10638–9

Ⅰ . ① D… Ⅱ . ①英… ②韩… Ⅲ . ①园林—介绍—世界 Ⅳ . ① TU986.61

中国国家版本馆 CIP 数据核字（2023）第 217398 号

Original Title: Gardens of the World
Copyright © Dorling Kindersley Limited, 2022
A Penguin Random House Company

策划编辑	符晓静
责任编辑	符晓静　齐　放
封面设计	中文天地
正文设计	中文天地
责任校对	吕传新
责任印制	徐　飞

科学普及出版社
http://www.cspbooks.com.cn
北京市海淀区中关村南大街 16 号
邮政编码：100081
电话：010–62173865　传真：010–62173081
中国科学技术出版社有限公司发行部发行
惠州市金宣发智能包装科技有限公司印刷
开本：889mm×1194mm　1/16
印张：15.75　字数：380 千字
2023 年 12 月第 1 版　2023 年 12 月第 1 次印刷
ISBN　978–7–110–10638–9 / TU·53
定价：168.00 元

www.dk.com